# PETIT

# NATURALISTE.

Les Cerfs.

# L'ALBUM
## du
## PETIT NATURALISTE,

*( Orné de 50 fig. )*

PARIS,

J. Langlumé et Peltier,

*Rue du Foin St. Jacques N.o*

# PETIT
# NATURALISTE.

## LE CHIEN.

Lᴇ Chien indépendamment de sa vivacité, de sa force, de sa légèreté et de la beauté de sa for-me, a par excellence toutes les qualités intérieures qui peuvent lui attirer les regards de l'homme.

Un naturel ardent, colère, même féroce et sanguinaire, rend le Chien sauvage redoutable à tous les animaux, et cède dans le Chien domestique aux sentimens les plus doux, au plaisir de s'attacher et au désir de plaire. Il vient en rampant mettre aux pieds de son maître son courage, sa force et ses talens; il attend ses ordres pour en faire usage; il le consulte, il l'interroge, il le supplie; un coup d'œil suffit, il entend les signes de sa volonté. Sans avoir, comme l'homme, la lumière de la pensée, il a toute la chaleur du sentiment; il a de plus que lui la fidélité, la constance dans ses affections; nulle ambition, nul intérêt, nul désir de

vengeance, nulle crainte que celle de déplaire; il
est tout zèle, tout ardeur, tout obéissance : plus
sensible au souvenir des bienfaits qu'à celui des
outrages, il ne se rebute pas par les mauvais traitemens, il les subit, les oublie et ne s'en souvient
que pour s'attacher davantage; loin de s'irriter
ou de fuir, il s'expose lui-même à de nouvelles
épreuves; lèche cette main instrument de douleur
qui vient de le frapper; il ne lui oppose que la
plainte, et le désarme enfin par la patience et la
soumission.

Plus docile que l'homme, plus souple qu'aucun

des animaux, non seulement on l'instruit en peu
de temps, mais même il se conforme aux mouvemens, aux manières, à toutes les habitudes de ceux
qui lui commandent; il prend le ton de la maison
qu'il habite; comme les autres domestiques, il est
dédaigneux chez les grands, et rustre à la campa-
gne : toujours empressé pour son maître, et pré-
venant pour ses seuls amis, il ne fait aucune attention aux gens indifférens, et se déclare contre ceux
qui par état ne sont faits que pour importuner; il
les connaît aux vêtemens, à la voix, à leurs gestes,
et les empêche d'approcher. Lorsqu'on lui a confié

pendant la nuit la garde de la maison; il devient
plus fier et quelquefois féroce; il veille, il fait la
ronde, il sent de loin les étrangers; et, pour peu
qu'ils s'arrêtent ou tentent de franchir les barriè-
res, il s'élance, s'oppose, et par des aboiemens réi-
térés, des efforts et des cris de colère, il donne
l'alarme, avertit et combat: aussi furieux contre
les hommes de proie que contre les animaux carnassiers, il se précipite sur eux, les blesse, les
déchire, leur ôte ce qu'ils s'efforçaient d'enlever.
Mais content d'avoir vaincu, il se repose sur les
dépouilles, n'y touche pas, même pour satisfaire

son appétit, et donne en même temps des exemples de courage, de tempérance et de fidélité.

( BUFFON. )

———————

Nous avons une foule d'exemples de fidélité,
d'intelligence, de courage et d'adresse de diffé-
rents Chiens. Un M. Durand, ancien marin
retiré, demeurant à D., petit bourg près de
Saint - Malo, avait apporté de l'île de Terre-
Neuve, un Chien qu'il avait élevé et qu'il aimait

beaucoup ; ce Chien était extrêmement adroit pour retirer les personnes de l'eau ; aussi n'était-il pas rare qu'en se promenant, M. Durand rendît quelque service avec son Chien. Dans une de ses courses du matin, ce M. vit beaucoup de monde autour d'une pièce d'eau, et à l'endroit le plus profond paraissait quelque chose que tout le monde regardait avec effroi et n'osait aller chercher. C'était un jeune enfant qui, en jouant avec ses petits camarades, s'était laissé tomber dans l'eau : l'ami, dit M. Durand, c'est ainsi qu'il appelait son Chien, approche ! cherche ! l'ami avait déjà ramené l'enfant sans qu'il eût aucun mal, avant que les personnes présentes . fussent revenues de leur étonnement.

———————

Un marchand de bœufs des environs de Cler-mont-Ferrand, s'étant trouvé en retard, fut obligé de se loger dans une auberge de mauvaise apparence, qui se trouvait à quelques lieues de Mende dans la montagne : il avait son Chien fidèle, appelé Sans-gêne : c'était un très-fort Chien de berger qui ne le quittait jamais. A deux heures du

matin, le marchand de bœufs entend un bruit
extraordinaire qui le réveille en sursaut, c'était
Sans-gêne qui hurlait d'une manière effrayante; à
ce bruit le marchand se lève, prend son bâton, frap-
pe du côté où était le Chien, appelle du monde; un
domestique vient avec de la lumière, on voit un
homme de très-mauvaise mine qui était tombé par
terre; le coup de bâton qu'il avait reçu avait failli le
tuer. Les gens de l'auberge étant arrivés, on arrê-
ta cet homme, il fut fouillé, on trouva sur lui un
couteau et une paire de mauvais pistolets. Il paraît
que cet individu s'était introduit dans cette mai-

son en demandant à loger; son intention était de
voler l'argent au marchand, et peut-être de le tuer
s'il faisait résistance; mais la Providence y avait
mis obstacle, et le bon Chien Sans-gêne en était
la cause.

1. le Buffle. 2. le Cheval. 3. l'Âne.

# LE CHEVAL.

Le Cheval, aussi noble qu'intrépide, partage avec son maître les fatigues et les dangers de la guerre; il fléchit sous la main de celui qui le guide, il semble consulter ses désirs; obéissant aux moindres impressions qu'il en reçoit, il se précipite, se modère, s'arrête et n'agit que pour y satisfaire.

Ce quadrupède dans son état de domesticité se

trouve dans toutes les parties du monde, excepté au cercle arctique : c'est vraiment la plus belle conquête que l'homme ait faite.

Dans les contrées de l'Amérique méridionale où ces animaux, d'origine espagnole, du pays de l'Andalousie, vivent en pleine liberté, leur démarche, leurs courses, leurs sauts ne sont ni gênés, ni mesurés; fiers de leur indépendance, ils fuient la présence de l'homme; sans habitation fixe, sans autre abri qu'un ciel serein, ils respirent un air plus pur que celui des palais voûtés où nous les renfermons, en pressant les espaces qu'ils doivent occuper. Aussi ces Chevaux sauvages sont-ils beaucoup plus forts, plus légers et plus nerveux que la plupart des Chevaux domestiques : ceux-ci ont pour eux ce que donne la nature ; les autres n'ont que ce que l'art peut offrir, l'adresse et l'agrément.

Dans cet état de nature, les Chevaux ne sont point méchants, ils sont seulement très-sauvages. Ils se réunissent ordinairement en grand nombre et vont par bandes. S'ils aperçoivent des Chevaux privés, ils courent vers eux, et hennissent en les caressant, les invitent par là à les suivre. Mais les personnes qui voyagent pour éviter la désertion résultant de cette rencontre, s'arrêtent, portent attention aux Chevaux qui leur appartiennent, et cherchent à épouvanter les autres, ce qui leur réussit presque toujours. Cependant les Chevaux sauvages pour parer à cet inconvénient, se serrent et forment deux corps de leur troupe ; le premier est l'avant-garde, et le second avance en se pressant tous les uns contre les autres; s'il arrive qu'ils soient saisis d'une terreur panique, qu'ils s'effraient au point d'être obligés de se retirer, ils prennent une direction opposée, sans se

laisser disperser pour cela. Le Cheval vit ordinairement de vingt-cinq à trente ans.

***

Au Cirque des frères Franconi à Paris, il y a
des Chevaux d'une adresse vraiment extraordinaire,
et dont la docilité et la pénétration sont remar-
quables. On en a vu avec admiration franchir plusieurs autres Chevaux rangés de flanc; traverser
un tonneau suspendu à une certaine élévation, et
aux deux côtés duquel était collé du papier, qui
par conséquent n'offre plus un vide à l'œil pour

passage, que le Cheval avait l'intelligence de per-
cer en sautant. Un autre, à qui son instructeur
faisait rapporter divers objets, et qui au comman-
dement vient en marchant sur les deux jambes de
devant ployées, bien que le maître fasse claquer
un gros fouet, avec force, au-devant de lui. On
en voit encore qui dansent en cadence; que l'on
fait figurer dans plusieurs Pièces, et qui remplissent leur rôle à merveille. Le Cheval gastronome
a fait également beaucoup parler de lui : assis le
derrière à terre, placé près d'une table, ayant une
serviette au cou, mangeant de tout, tirant une

sonnette pour appeler le garçon afin qu'il vînt lui changer d'assiette, et enfin buvant dans un verre, en l'élevant sans en répandre une goutte.

---

On parle souvent de la course des Chevaux en Angleterre; il y a des gens extrêmement habiles dans cette espèce d'art gymnastique. Pour en donner une idée, on ne peut mieux faire que de rapporter ici littéralement ce qu'un homme respectable, Milord Comte de Morton, a écrit le 18 février 1748 à M. de Buffon.

« **M.** Tornhill, maître de poste à Stilton, fit la gageure de courir à cheval trois fois de suite le chemin de Stilton à Londres, c'est-à-dire de faire deux cent quinze milles d'Angleterre ( environ soixante-douze lieues de France ), en quinze heures. Le 29 Avril 1748, il se mit en course, partit de Stilton, fit la première course jusqu'à Londres en trois heures cinquante et une minutes, monta huit différens Chevaux dans cette course; il repartit sur-le-champ, et fit la seconde course de Londres à Stilton, en trois heures cinquante-deux minutes, et ne monta que six Chevaux; il se servit,

pour la troisième course, des mêmes Chevaux qui
lui avaient déjà servi dans les premières; il en
monta sept, et il acheva cette dernière course en
trois heures quarante-neuf minutes; en sorte que
non seulement il remplit la gageure, qui était de
faire le chemin en quinze heures, mais il le fit
en onze heures trente-deux minutes. Je doute
que dans les Jeux Olympiques, il se soit jamais
fait une course aussi rapide que celle de M.
Tornhill. »

# L'ANE.

Au premier coup-d'œil, cet animal ressemble tellement au cheval, qu'on croirait presque qu'il est de la même espèce. En l'examinant avec attention il sera aisé de voir qu'il y a une grande différence entre ces deux quadrupèdes, soit pour les mœurs, soit pour les habitudes.

L'Ane est de son naturel très-doux, il souffre avec patience les châtimens et les coups. Il est sobre sur la quantité et sur la qualité de la nourriture ; se contentant des herbes les plus dures et les plus désagréables que dédaigne et lui laisse le cheval ; il ne veut boire que de l'eau la plus claire, et aux ruisseaux qui lui sont connus. Comme on ne prend pas souvent la peine de l'étriller, il se roule souvent sur le gazon, sur les chardons, sans se soucier de ce qu'on lui fait porter ; il semble par-là reprocher à son maître le peu de soin qu'on prend de lui ; car il ne se vautre pas comme le Cheval, dans la fange et dans l'eau, il craint même de se mouiller les pieds, et se détourne pour éviter la boue. Aussi a-t-il la jambe plus sèche et plus nette que le cheval. Il est susceptible d'éducation, et l'on en a vu d'assez bien dressés pour faire curiosité de spectacle.

Dans la première jeunesse, il est vif et gai; mais il perd bientôt de sa gentillesse, soit par l'âge, soit par les mauvais traitemens, et il devient lent, indocile et têtu. Cet animal est susceptible d'attachement pour son maître, bien que celui-ci le maltraite fort souvent; il le sent de loin, même le distingue des autres personnes. L'Ane ne se trompe jamais sur les lieux qu'il a coutume d'habiter, il reconnaît les chemins qu'il a parcourus;

il a les yeux bons, un excellent odorat, et l'oreille
ne lui manque pas non plus.

----

Les Anes sont fort adroits à gravir les montagnes, et la manière dont ils s'y prennent pour
descendre les précipices des Andes et des Alpes
est extrêmement curieuse. Il se trouve dans la
traversée de ces montagnes des endroits escarpés
et des abîmes effrayans; ces passages offrent très-
souvent une pente de plusieurs centaines de toises,
qui ne peut être praticable que pour les mulets

et les ânes : ces derniers, par un instinct particulier, indiquent en prenant des précautions, qu'ils
sont instruits du danger qu'il y a à courir. Quand
ils sont arrivés sur le penchant d'un des précipices,
ils s'arrêtent d'eux-mêmes, sans être retenus par
le cavalier, et s'il a l'imprudence de fouetter ou
d'exciter l'animal, il reste immobile au lieu de
continuer, comme s'il prévoyait le danger ; il exa-
mine le chemin avec une scrupuleuse attention, et
dans ce moment il lui prend un tremblement, il
fait entendre un braîment qui annonce la crainte,
c'est-à-dire une voix rauque qui semble sortir des

naseaux. Après s'être préparé pour ne point perdre l'équilibre, il place ses pieds de devant dans
la même posture que celle qu'il prend quand il
veut s'arrêter : puis, tenant les pieds de derrière serrés l'un contre l'autre, et les avançant un
peu sous le ventre, comme lorsqu'il désire se coucher, dans cette posture, il descend avec une
grande rapidité : il faut que le cavalier fasse bien
attention de se tenir sur la selle, car le moindre
mouvement ferait perdre l'équilibre à l'Ane, et ils
seraient infailliblement perdus tous les deux : mais
l'adresse de ces animaux à une descente aussi ra-

pide dans leur course précipitée, et où ils semblent
avoir perdu tout moyen de se gouverner, est vraiment étonnante ; ils suivent les détours et les
sinuosités du chemin avec autant d'exactitude que
s'ils eussent déterminé d'avance la route qu'ils
doivent suivre, et pris toutes les précautions né-
cessaires à leur sûreté.

# LE BUFFLE.

Le corps de ce quadrupède est plus gros et plus court que celui du bœuf, il a les jambes plus hautes, et la tête à proportion plus petite ; ses cornes sont moins rondes. Il a la peau également plus épaisse que celle du bœuf. La chair noire et dure de cet animal déplaît au goût, répugne même à l'odorat ; il n'y a que la langue qui en soit bonne à manger.

Le Buffle est très-violent, sa figure est repoussante, il a le regard farouche. Comme il se tient souvent à la lisière du bois, ayant la vue faible il reste la tête baissée pour pouvoir mieux distinguer les objets entre les pieds des arbres ; et lorsqu'il aperçoit quelque chose qui l'inquiète, il s'élance dessus en poussant un gémissement affreux, et il est fort difficile d'échapper à sa fureur. Il est moins à redouter dans la plaine ; comme il a les nerfs optiques plus délicats que les quadrupèdes connus, il craint beaucoup l'aspect du feu ; la couleur rouge lui déplaît, on assure même que

les personnes n'osent pas se vêtir de rouge, dans
les contrées où sont les Buffles. Quoique le Buffle
naisse et soit élevé en troupeau, il conserve cependant sa férocité naturelle, en sorte qu'on ne
peut s'en servir en rien, tant qu'il n'est point
dompté. La durée de la vie de cet animal est de
18 à 20 ans.

Les Buffles ont une mémoire qui surpasse celle
de beaucoup d'autres animaux. Rien n'est si commun que de les voir retourner seuls et d'eux-mê-

mes à leurs troupeaux, quoique d'une distance de
quarante à cinquante lieues. Les gardiens des
jeunes Buffles leur donnent à chacun un nom,
et, pour leur inculquer ce nom, ils le répètent
souvent d'une manière qui tient du chant, en
les caressant en même temps sous le menton.
Ces jeunes animaux s'instruisent ainsi en peu de
temps, et retiennent si bien leur nom qu'ils y ré-
pondent exactement en s'arrêtant, quoiqu'ils se
trouvent mêlés parmi plusieurs troupeaux de
Buffles. L'habitude de l'entendre cadencé est
telle, que sans cette espèce de chant, ils ne se

laisseraient point approcher, étant grands, surtout la femelle pour se laisser traire. Sa férocité naturelle ne lui permettant pas de se prêter à cette extraction artificielle de son lait, le gardien qui veut traire la Buffle est obligé de tenir son petit auprès d'elle, ou, s'il est mort, de la tromper en couvrant de sa peau un autre petit Buffle quelconque. Sans cette précaution, qui prouve d'un côté la stupidité de la Buffle, et de l'autre la finesse de son odorat, il est impossible de la traire.

3

# L'HIPPOPOTAME.

CET animal a le corps plus long et plus gros
que le Rhinocéros et les jambes plus courtes. Les
mâles surpassent toujours les femelles en grosseur;
le mâle peut avoir onze ou douze pieds de longueur, sa figure est moyenne entre celle du Buffle
et du Cochon ; elle participe de l'une et de l'autre.
Il a la tête moins longue et plus grosse à proportion du corps ; sa crinière est composée de quel-

1. l'Hippopotame  2. Tapir

ques poils courts et très-rares. Il n'a de corne ni sur le nez, ni sur la tête, comme les animaux ruminans; il a le museau ou le nez semblable au Buffle, mais bien plus grand. La gueule de l'Hippopotame est très-grande; sa lèvre supérieure avance d'un pouce par-dessus l'inférieure, et ses dents, quoiqu'aussi extrêmement grandes, sont toutes cachées sous cette lèvre lorsque la gueule est fermée; ses yeux sont fort petits. Ces animaux vivent de poissons, de crocodiles et de cadavres; ils mangent également du riz et du grain. Ils se tiennent près de la terre, la nécessité d'y venir

3*

prendre leur nourriture ne leur permet pas de
s'en éloigner : ils vont en conséquence le long des
côtes d'une rivière à l'autre, ce qui justifie en quelque sorte le nom qu'on leur a donné de Chevaux
marins.

L'Hippopotame, étant très-lourd et ayant les
jambes fort courtes, ne peut courir bien vite sur
la terre, où il est assez timide; lorsqu'on le poursuit, il se jette à l'eau, il descend au fond et y marche avec facilité, il ne peut cependant pas y rester

long-temps, il est obligé de revenir à la surface pour respirer ; le jour, il a si peur d'être découvert, qu'il ose à peine mettre le nez hors de l'eau. Quand cet animal est blessé , il soulève avec force les canots et les barques, en arrache les rebords avec ses dents et les fait submerger. Il pratique des trous fort creux dans les rivières qui ne sont point assez profondes pour le cacher entièrement.

En Afrique, les indigènes prennent cet animal dans de grandes fosses qu'ils font sur les sentiers par où il passe ; mais ce dernier, quand il n'est point poursuivi, marche avec tant de précaution

qu'il découvre souvent les pièges qu'on lui a ten-
dus, et il les évite. Le moyen le plus sûr de se
saisir de ce quadrupède, est de l'attendre le soir
derrière une haie, près de l'endroit qu'il fréquente
habituellement, et de le blesser adroitement au
jarret avec une hache, en sorte qu'il tombe; alors
il est aisé aux chasseurs de s'en rendre maîtres.

1 le Lion. 2 le Tigre.

## LE LION.

Ce quadrupède, né sous le soleil brûlant de l'Afrique ou des Indes, est le plus fier et le plus terrible de tous ; nos animaux carnassiers, loin d'être ses rivaux, seraient à peine dignes d'être ses pourvoyeurs.

Les Lions du mont Atlas, dont la cime est quelquefois recouverte de neige, n'ont point la force ni la férocité des Lions de Bilédulgérid ou de Sahara, dont les plaines sont couvertes d'un sable brûlant. Dans ces déserts ardens se trouvent ces Lions si terribles qui sont l'effroi des voyageurs et la terreur des provinces voisines. Mais heureusement que l'espèce en diminue tous les jours; et de l'avis des personnes qui ont parcouru ces contrées de l'Afrique, il se trouve bien moins de ces animaux actuellement qu'autrefois.

En général, il y a encore un grand nombre de Lions dans les parties de l'Afrique méridionale et de l'Asie, tels que la nature les a produits. L'habitude de vaincre les autres animaux qu'ils rencontrent, les rend intrépides et féroces; ne

connaissant pas la puissance de l'homme, ils en
ont peu de crainte; n'ayant point éprouvé la
force de ses armes, ils semblent le braver; les
blessures les irritent sans les effrayer, ils ne sont
pas même déconcertés par le grand nombre.
Les Lions du désert attaquent une caravane; et,
quand après un combat opiniâtre, ils ne se sont
qu'affaiblis, au lieu de fuir, ils continuent de battre en retraite, faisant toujours face, et sans jamais
tourner le dos. Ceux, au contraire, qui habitent
aux environs des bourgades de l'Inde et de la
Barbarie, ayant éprouvé la force des armes de

l'homme, ont perdu de leur courage au point d'obéir à sa voix menaçante, et de se jeter sur le menu bétail, de s'enfuir enfin en se laissant poursuivre par des femmes et des enfans.

Les Lions de plus grande taille ont de 8 à 9 pieds de longueur, depuis le mufle jusqu'à l'origine de la queue; cette dernière a environ 4 pieds : ces grands Lions ont de 4 à 5 pieds de hauteur. Ceux de la petite taille ont environ 5 pieds et demi de longueur. La Lionne est à-peu-près un quart plus petite que le Lion. Ce quadrupède vit de 20 à 25 ans.

Le cou de cet animal est orné d'une crinière qui lui couvre le poitrail; sur le reste du corps son poil est ras et lisse, la couleur de ce poil est fauve sur le dos et blanchâtre sur les côtés. Il paraît qu'il habite constamment les pays chauds, quoiqu'on soit parvenu, cependant, à l'habituer dans les climats tempérés : il n'a jamais demeuré dans les terres du nord. La femelle est dépourvue de cette crinière qui constitue si sensiblement l'extérieur majestueux du mâle.

Le Lion est grand, noble, généreux et susceptible de reconnaissance. Un religieux Jacobin du
couvent de Marseille, appelé Joseph Colombot,
esclave du roi de Maroc, et sans espoir de sortir
de sa captivité, résolut de se sauver avec un de ses
compagnons d'infortune; ils y parvinrent, et pour
arriver à la Roche, ville appartenant aux Portugais,
qui était encore assez éloignée et où ils désiraient
aller, ils ne marchaient que la nuit; se reposaient
le jour dans des bois ou sur des arbres; s'il leur
arrivait de ne point en trouver, alors ils étaient
obligés de s'enterrer dans le sable, et de se couvrir

avec des broussailles, pour se garantir le visage
de l'ardeur du soleil. Comme ils souffraient d'une
soif extraordinaire, parce que depuis deux jours
ils manquaient d'eau, ils eurent la satisfaction
une nuit de rencontrer une mare; bien que l'eau
n'en fût pas très-propre, c'était la Providence qui
leur envoyait ce secours d'un grand prix dans les
déserts, où il arrive souvent que l'on marche
pendant plusieurs jours sans y trouver d'eau.
Mais, ô douleur ! lorsqu'ils allaient boire, nos
deux fugitifs aperçurent un énorme Lion qui paraissait être le gardien de la mare. Il fallait renou-

cer à prendre de l'eau et fuir; encore ce dernier moyen pouvait-il également leur être funeste, car en deux sauts, il était aisé à l'animal de les atta-quer. Les deux voyageurs s'avisèrent de se mettre à genoux devant le Lion, prenant un ton de voix propre à exciter la compassion, et lui tendant les mains en le suppliant de leur laisser la liberté de se désaltérer. Il semblait que le Lion prît plai-sir à les entendre, car il se retira un peu en arriè-re en les regardant d'un air gracieux; ils crurent du moins le remarquer à la faible clarté que leur donnait la lune; cela engagea le plus hardi à s'ap-

procher de la mare, et pendant que son compagnon continuait de haranguer le Lion, il but à son
aise et même remplit les vessies de bœuf, dont
ils se servaient pour mettre leur eau ; ensuite il re-
tourna auprès de son camarade, prit la parole et
remercia le Lion ; l'autre alla boire à son tour, et
revint aussi faire ses remercîmens. « A présent,
» dirent-ils, en s'adressant toujours au Lion, vois
» notre misère et les dangers auxquels nous se-
» rons exposés si nous sommes attrapés par les
» gens qui sont à notre poursuite; nous te serons
» reconnaissans, si tu veux nous laisser conti-

» nuer le chemin pénible que nous avons à faire. »

Les lamentations touchantes de ces malheureux attendrirent le Lion, à ce qu'il paraît, car après les avoir écoutés, il eut la discrétion de se retirer.

Les deux voyageurs s'empressèrent de continuer leur route, et arrivèrent heureusement à leur destination.

---

Voici un trait qui semble confirmer celui rapporté ci-dessus, et qui est à la connaissance de bien des personnes. Un Lion s'était échappé de la ménagerie de Florence, tout le monde fuyait à son aspect qui portait partout l'épouvante : une femme en courant se laisse tomber avec son enfant qu'elle tenait dans ses bras; le Lion saisit l'enfant par la cuisse, et allait le dévorer; la mère se jette à genoux devant ce terrible animal, lui demande à grands cris la grâce de son enfant. Le Lion, touché de ses cris déchirans, s'arrête, la regarde un moment, pose l'enfant à terre sans lui faire aucun mal, et s'en va.

Parmi les malfaiteurs condamnés à être dévorés par des Lions, se trouvait un esclave romain dont le crime était de s'être échappé et d'avoir fui en Afrique, où il fut arrêté. Le jour de l'exécution arrivé, les criminels sont conduits au lieu du supplice, qu'un peuple immense entourait; deux Lions terribles sont lâchés sur ces malheureux, dont une partie est dévorée à l'instant. Le plus acharné de ces animaux allait s'élancer sur l'autre; mais, ô prodige! il s'arrête, regarde un instant la victime, puis bondissant de joie, il se couche à ses pieds, le lèche, le caresse, lui fait des démonstrations d'amitié. Le peuple étonné demande à grands cris la grâce du coupable ; l'empereur seul pouvait l'accorder : on court l'instruire de ce fait étonnant ; il se fait amener l'esclave, et lui demande la raison de ce qui vient de se passer. L'esclave se jette à ses genoux et lui dit : Seigneur, étant en Afrique, où je fuyais la rencontre des Romains, je fus un jour contraint de me dérober à leur poursuite en m'enfonçant dans une caverne, dans laquelle je me trouvai nez à nez avec un énorme Lion. Ma frayeur fut extrême ; cet animal, se couchant à mes pieds, me présenta une de ses pattes ensanglantée. Je présumai qu'il me demandait un service; examinant donc sa patte, j'y trouvai effectivement une longue épine d'un bois fort dur; l'ayant retirée, je fis saigner la plaie et la bandai ensuite avec un morceau de mes vêtemens : le Lion ne borna pas sa reconnaissance à de vaines caresses; se trouvant en état de sortir, il m'apportait de quoi me nourrir; mais un jour que je voulus me hasarder à sortir, je fus pris et conduit dans les prisons de Rome, dont je ne suis sorti que pour aller à la mort, à laquelle je n'ai échappé pour l'instant que par la raison que le Lion qui devait me dévorer

se trouve être celui à qui j'ai ôté une épine de
la patte. L'empereur, attendri, fit grâce au coupable.

# LE TAPIR.

Ce quadrupède est à-peu-près gros comme un Cheval ordinaire, il a le corps formé comme celui d'un porc; sa hure tire un peu sur le brun, il a le nez long et affilé, qui s'étend beaucoup au-delà de la mâchoire inférieure, et qui forme une petite trompe qu'il peut raccourcir et allonger à sa fantaisie; il a de très-petites oreilles; les jambes courtes et grosses, la queue extrêmement mince.

Cet animal est fort doux ; il fuit l'approche des hommes et de ce qui peut l'effrayer. Il dort une partie du jour, et la nuit il cherche sa nourriture, qui se compose de cannes à sucre et d'herbes de différentes espèces.

# LE TIGRE.

Le Tigre, quoique rassasié de chair, semble toujours être altéré de sang ; sa fureur n'a d'autres intervalles que ceux du temps qu'il faut pour dresser des embûches : il saisit et déchire une nouvelle proie avec la même rage qu'il vient d'exercer et non pas d'assouvir, aussi est-il plus dangereux que le Lion. Ce quadrupède ne craint pas l'aspect de l'homme ni de ses armes ; il égorge, il dévaste les troupeaux d'animaux domestiques, met à mort toutes les bêtes sauvages; attaque les petits Éléphans, les jeunes Rhinocéros, et quelquefois il ose braver le Lion. Le Tigre est bassement féroce, cruel sans justice , c'est-à-dire sans nécessité. Cet animal est long de corps et bas sur jambes; sa peau, d'un fauve très-vif sur toutes les parties du corps, est blanche au ventre et à la gorge , et également marquée de longues bandes transversales sur les flancs. Heureusement pour le reste de la nature, l'espèce n'en est pas nombreuse, et paraît confinée aux climats les plus chauds de l'Inde orientale ; elle se trouve au Malabar, à Siam, au Bengale et dans les autres contrées qu'habitent les Éléphans et les Rhinocéros. Il est presque impossible d'apprivoiser le Tigre ; il est peut-être le seul de tous les animaux, dont le naturel soit aussi difficile à fléchir.

------

Le Tigre, pour s'assurer de sa proie, se cache à tous les regards, et s'élance d'un bond prodigieux sur sa victime, en poussant des rugissemens affreux comme le Lion : il semble préférer la chair de l'homme à celle de toute autre proie ; mais il s'expose rarement à attaquer de vive force tout être dont il n'est pas sûr de triompher.

Un jour, une compagnie qui était assise à l'ombre sur le bord d'une rivière au Bengale, fut effrayée par l'apparition subite d'un Tigre, qui se disposait à sauter sur elle ; mais une personne de la société ayant eu l'incroyable présence d'esprit d'ouvrir un parasol devant l'animal, il prit la fuite, comme s'il eût été saisi d'effroi à la vue de cet objet extraordinaire pour lui.

Dans une guerre de la Russie contre la Perse, un trompette qui dormait pendant la nuit près de la tente de son général, ayant été saisi par un Tigre, ne dut son salut qu'à la présence d'esprit qu'il eut de sonner de son instrument. L'animal effrayé d'un bruit qu'il ne connaissait pas, lâcha le trompette et se sauva.

---

Les Princes orientaux aiment beaucoup la chasse de ces animaux ; c'est leur passe-temps favori. Ils vont à leur poursuite accompagnés d'une trou-

pe considérable d'hommes bien montés et armés
de lances : aussitôt qu'ils aperçoivent un Tigre,
ils l'attaquent de toutes parts avec des piques et
des javelots, des flèches et des sabres, qui lui
portent promptement le coup de la mort : cette
chasse les expose souvent à quelque danger ; car
si le Tigre se sent blessé, il ne se retire guère
sans sacrifier quelqu'un à sa vengeance. Il y a de
ces chasseurs intrépides qui, couverts d'une cotte
d'armes, ou munis seulement d'un bouclier, d'un
ou de deux poignards et d'un court cimeterre,
osent attaquer seuls ces animaux terribles, et lut-

ter corps à corps avec eux; dans ces espèces de combats, il n'y a pas d'autre alternative, il faut vaincre, ou infailliblement on serait perdu.

1 le Chacal adive. 2 l'Isatis. 3 le Loup

# LE CHACAL.

L'ESPÈCE de cet animal, répandue dans toute
l'Asie, se trouve aussi en Arabie, en Barbarie et
dans les terres du Cap. Son corps a environ 3o
pouces de long, et il ressemble beaucoup à celui
du Renard; cependant il a la tête plus courte, le nez
moins pointu et les jambes plus longues que ce
dernier. Le Chacal a la queue épaisse au milieu, et
marquée de noir à l'extrémité; son poil est très-

long et d'une couleur fauve mêlée de blanc sur
le dos. Avec la férocité du loup, il a un peu de la
familiarité du chien ; sa voix est mêlée d'aboiemens et de gémissemens ; il est plus criard que
le chien et plus vorace que le loup. Les Chacals
vont toujours par troupes de vingt ou trente,
pour faire la guerre ou la chasse; ils vivent
de petits animaux et se font redouter des plus
puissans : faute de proie vivante , ils déterrent les
cadavres des animaux et des hommes; on est
obligé de battre la sépulture et d'y mêler de
grosses épines, pour les empêcher de la gratter.

Ils ne cessent de courir les cimetières, de suivre les armées et de s'attacher aux caravanes ; enfin ce sont les Corbeaux des quadrupèdes.

# L'ISATIS.

CET animal habite les terres du nord voisines de la mer Glaciale. Il a beaucoup de ressemblance avec le Renard, pour la queue, et le reste du corps ; mais la tête est tout-à-fait différente. La voix de l'Isatis tient de l'aboiement du Chien, et du glapissement du Renard. Il choisit plus volontiers les endroits les plus froids, les plus montueux et les plus nus de la Norwège, de la

Laponie et de la Sibérie. Il se nourrit de Rats,
de Lièvres et d'oiseaux; il est aussi fin que le
Renard pour les attraper : il se jette à l'eau, tra-
verse les lacs pour chercher les nids des Canards
et des Oies, il en mange les œufs et les petits, et
son ennemi, dans ces climats déserts et froids, est
le Glouton qui lui dresse souvent des embûches
et l'attend au passage.

5*

# LE LOUP.

Le Loup est plus gros et plus musculeux que le Chien ; la longueur de son corps est ordinairement de trois pieds et demi, tandis que celle du Chien le plus fort n'excède pas trois pieds. En général, la couleur du poil de cette bête est un mélange de noir, de brun et de gris de fer ; dans le Canada, il est tout noir. Le Loup a la tête longue, le nez effilé, les dents énormes et les oreilles étroites et

pointues; ses yeux obliquement relevés, sont étin-
celans d'une couleur verte : son aspect annonce la
férocité. La longueur du poil de cet animal augmente la grosseur apparente de son volume; sa
queue est longue et touffue. L'appétit du Loup
pour la chair est extraordinaire, il emploie toute
son activité et sa ruse pour le satisfaire ; mais
il n'y réussit pas toujours, ayant contre lui
l'homme et les Chiens qui lui font continuellement la chasse. Il est très-poltron et n'ose pas
toujours se hasarder; cependant le besoin le rend
ingénieux; pressé par la faim, il brave le danger,

vient attaquer les animaux qui sont sous la garde de l'homme, surtout ceux qu'il peut emporter aisément, comme les petits Chiens, les Agneaux et les Chevreaux ; quand ce vol lui réussit, il revient à la charge jusqu'à ce qu'il ait été poursuivi et blessé ; alors il se cache dans l'épaisseur des bois pendant le jour, et sort la nuit, saute les murs très-élevés, entre dans les bergeries furieux, met tout à mort, emporte seulement un Mouton, et repasse avec sa proie sur le dos, par-dessus le mur, avec autant de facilité que s'il n'avait rien avec lui.

Ce quadrupède a les sens très-bons, l'œil, l'oreille et surtout l'odorat; il sent quelquefois plus loin qu'il ne voit. Lorsqu'il veut sortir du bois, il ne manque jamais de prendre le vent : il s'arrête sur la lisière, s'évente de tous côtés, et reçoit ainsi l'émanation des corps morts, que le vent lui apporte de loin. Il préfère la chair vivante à la morte, cependant il les dévore l'une et l'autre.

On a vu des Loups suivre les armées, arriver en nombre à des champs de bataille, où l'on n'avait que négligemment enterré les corps, les découvrir, les dévorer avec une insatiable avidité, et ces mêmes Loups, accoutumés à la chair humaine,

se jeter ensuite sur les hommes, attaquer les bergers plutôt que leurs troupeaux, dévorer les femmes, emporter des enfans, etc.

<hr>

Le trait suivant fera connaître à nos lecteurs,
combien les Loups sont rusés et adroits. M. Tilly
passant près de la forêt de Fontainebleau, aperçut
un gros Loup qui paraissait guetter un troupeau de
moutons. Il fut en avertir le berger, en lui conseil-
lant de le faire poursuivre par ses Chiens. Oh que
non, dit le berger, pas si bête! Voyez-vous cet autre

Loup qui est caché par ici, derrière un buisson ?
eh ben, i s'entendent ensemble. Celui que vous
avez vu le premier, ne se montre que pour attirer
mes Chiens, afin que l'autre Loup puisse me gripper
un mouton qu'i s'yront ensuite manger ensemble.—
Tu plaisantes, dit M. de Tilly. — Oh que non ! répond le paysan ; depuis vingt ans que ces coquins-là
et moi nous vivons ensemble, nous devons ben nous
connaître.—Parbleu, si la chose arrive comme tu le
dis, je te paie ton mouton, et te donne six francs en
sus. Le marché plaisant fort au berger, il lance ses
Chiens sur le premier Loup, qui ne les attend pas.

A peine étaient-ils à deux cents pas, que le Loup aux aguets se jette sur le troupeau et en enlève un Mouton avec une dextérité étonnante. M. Tilly tout émerveillé d'une ruse semblable, paya sur-le-champ le Mouton et les six francs promis. Le père Bougeant, qui a rapporté ce trait dans son Amusement philosophique sur le langage des bêtes, demande comment, sans se parler, les deux Loups sont convenus l'un de se montrer, l'autre de se cacher.

# LE CHAT.

C'est un animal domestique infidèle, que l'on garde par nécessité, pour l'opposer à un ennemi bien nuisible. Quoique les Chats, surtout quand ils sont jeunes, aient de la gentillesse, ils ont en même temps une malice innée, un caractère faux, un naturel pervers que l'âge augmente encore, et que l'éducation ne fait que masquer. De voleurs déterminés, ils deviennent seulement, lorsqu'ils sont bien élevés, souples et flatteurs comme les fripons ; ils ont la même adresse, la même subtilité, le même goût pour faire le mal, les mêmes penchans à la petite rapine ; comme eux, ils savent couvrir leur marche, dissimuler leur dessein, épier les occasions, attendre, choisir, saisir l'instant de faire leur coup, se dérober ensuite au châtiment, fuir et rester éloignés jusqu'à ce qu'on les rappelle.

La forme du corps et le tempérament sont d'accord avec le naturel. Le Chat est joli, léger et adroit ; il épie les oiseaux, les souris, les rats, et

devient lui-même, sans y être dressé, plus habile
à la chasse que le Chien le mieux instruit.

Les Chats craignent l'eau, le froid et les mau-
vaises odeurs ; ils aiment à se tenir auprès du feu ;
ils aiment les parfums, et se laissent volontiers
prendre et caresser par les personnes qui en portent. A quinze ou dix-huit mois, ces animaux ont
pris leur accroissement, et ne vivent que neuf ou
dix ans ; ils sont cependant très-durs, très-vivaces,
et ont plus de nerf et de ressort que d'autres animaux qui vivent plus long-temps.

Les Chats sauvages ressemblent aux Chats domestiques; cependant ils sont plus gros et plus forts; ils ont toujours les lèvres noires et les oreilles plus raides, la queue plus grosse et les couleurs constantes. Il y avait des Chats sauvages dans le continent du nouveau monde, avant qu'on en eût fait la découverte; il y en avait au Pérou, quoiqu'on n'en connût point de domestiques; il y en a au Canada dans les pays des Illinois, etc. On en a vu dans plusieurs endroits de l'Afrique, comme en Guinée, à la Côte-d'Or et à Madagascar. Il s'en trouve également au Cap de Bonne-Espérance. Ces Chats sont de couleur bleue.

M. B., commis dans une maison de commerce à
Paris, avait un Chat auquel il était fort attaché ;
celui-ci le suivait partout dans la maison, et ne le
quittait pas d'un instant. Quand le jeune homme
prenait sa clef le soir pour monter à sa chambre et
se coucher, le Chat sautait de dessus la chaise sur
laquelle il dormait pour aller avec lui : arrivé
dans la chambre, il montait sur le lit, se mettait
au pied, et restait là jusqu'au lendemain, sans
faire le moindre mouvement, de peur de réveiller
son maître. Ce M. B. fut obligé de faire un voyage de six mois à-peu-près, pour les affaires de la

personne chez laquelle il était : cette absence parut trop longue au pauvre Chat, à ce qu'il paraît ;
car le chagrin le fit mourir.

---

Quoique les Chats soient peu susceptibles d'attachement, il en est quelques-uns qui ont fait
preuve de la plus grande amitié.

Un jeune malade eut un accès de léthargie qui
lui dura si long-temps qu'on le crut mort. Dans
cette croyance, on l'ensevelit et on le mit dans une
bière. Son Chat qui, pendant cette triste cérémo-

nie, n'avait cessé d'exprimer sa douleur par des miaulemens, voulut absolument se mettre dans la bière avec le mort, sur l'estomac duquel il se coucha; ce qui, loin d'attendrir les personnes chargées de l'ensevelissement, fut pour elles un sujet de divertissement, et elles eurent la méchanceté de renfermer ce pauvre animal avec son maître. Cette réunion apaisa pour quelque temps les miaulemens du Chat; mais le corps ayant été porté à l'Église, les prêtres n'eurent pas plus tôt entonné le *Dies iræ*, que ce chant lugubre rappelant au Chat sa douleur, il se mit à crier de toutes ses forces; il n'est pas besoin de dire de quel effroi furent saisis les assistans qui s'enfuirent à toutes jambes, excepté les garnemens auteurs de cette scène, qui, faisant les courageux, rappelèrent la multitude et s'offrirent d'ouvrir la bière, ce qu'on leur permit; mais à peine eurent-ils levé le couvercle, que le léthargique, revenu à lui, sauta par-dessus nos braves, qui tombèrent de frayeur, et courut regagner son domicile avec son fidèle animal, sans lequel probablement il eût été enterré tout vif.

Un Chat, dit le docteur Smellie, fréquentait un cabinet dont la porte fermait à un loquet ordinaire ; une fenêtre était située près de cette porte, et quand celle-ci était close, l'animal s'en embarrassait fort peu, car aussitôt qu'il lui prenait la fantaisie de sortir, il montait sur l'embrasure de la fenêtre, et avec ses pattes levait doucement le loquet, et s'en allait.

## LE PAPION ou BABOUIN.

Cet animal a trois à quatre pieds de hauteur, et les parties supérieures de son corps annoncent une grande force musculaire. Le naturel de ce Singe est extrèmement féroce; il est dangereux d'en rencontrer, surtout quand ils sont réunis en un certain nombre.

1 le Jocko. 2 le Gibbon

# LE JOCKO, ou PONGO.

Le Jocko est celui des Singes qui a le plus d'affinité avec l'homme dans ses manières. Il a beaucoup d'instinct; il s'assied à table, boit et mange de tout ce qu'on lui présente; il se sert d'une cuiller, d'un couteau, avec autant de facilité qu'un homme : il aime beaucoup le vin et les liqueurs.

Le Jocko est très-facile à apprivoiser; on lui apprend à danser, à rincer les verres, à donner à boire, à tourner la broche, etc. Il diffère de

l'homme à l'extérieur par le  nez qui n'est pas proé-
minent, par le  front qui est trop court, par le menton  qui n'est pas relevé  à la base ; il a les oreilles
trop grandes, les yeux trop rapprochés l'un de l'autre ; ce sont là les seules différences de la forme de
cet Orang-Outang d'avec le visage de l'homme. Ces
animaux se trouvent vers le nord de la côte de Coromandel, et ont à-peu-près trois pieds de hauteur; on
en a vu  qui excédaient six  pieds ; ce sont les plus
grands. Ces derniers sont très-vifs et d'une force si
prodigieuse que neuf  hommes  suffiraient à  peine
pour en saisir un seul.

Deux négocians de la côte de Coromandel envoyèrent au roi d'Espagne deux Orangs-Outangs, l'un mâle et l'autre femelle. Ces animaux firent l'objet de l'admiration de toute la Cour, moins encore par leur ressemblance avec l'homme, tout étonnante qu'elle est, que par la douceur de leurs mœurs. Elle était telle que celui qui se réveillait le premier, n'osait bouger dans la crainte de faire du bruit, et faisait signe aux gens de la maison de s'éloigner de leur cage. Leur donnait-on quelques friandises, ils se les partageaient avec toute l'équité possible; les séparait-on, leurs yeux se remplissaient de larmes. Celui que l'on avait laissé dans la cage, se tenait debout attaché aux barreaux, et ne quittait plus cette posture douloureuse, tandis que celui qu'on emmenait tournait souvent les yeux vers son compagnon, et par des signes d'amitié très-expressifs, semblait l'engager à se consoler. Un jour que le mâle avait attendu patiemment le réveil de sa femelle jusque vers le milieu du jour, il s'approcha d'elle et la remua doucement; point de réveil! il la presse alors dans ses bras et n'en obtient aucun signe de vie; il la contemple un instant avec effroi, puis s'abandonnant au plus violent désespoir, il pousse des cris effroyables, se tord les membres et finit enfin par s'évanouir : on profita de ce moment pour enlever le cadavre. Revenu à lui, il cherche l'objet de ses regrets, et, ne le voyant pas, il se précipite sur la porte de sa cage, s'attache fortement aux barreaux, et demeure un jour entier dans cette position pénible, refusant toute nourriture. Trois jours après on le trouva mort.

# LE GRAND GIBBON,

Il est habitué à marcher debout, bien qu'il soit sur ses quatre pieds ; parce que ses bras sont aussi longs que son corps et ses jambes; il vient de trois pieds et demi à quatre pieds de hauteur. Ce singe est assez tranquille et de mœurs douces; il est originaire des Indes orientales, principalement des terres de Coromandel, de Malaca et des îles Moluques.

1. le petit Gibbon. 2 grand Papion. 3 le Magot.

# LE PETIT GIBBON,

Ainsi nommé parce qu'en effet il est beaucoup plus petit que celui ci-dessus. Il ne diffère du grand Gibbon que par la couleur de son poil, ayant absolument les mêmes formes et les mêmes habitudes.

# LE MANDRILL.

Ce Babouin se trouve à la Côte-d'Or et dans les autres pays méridionaux de l'Afrique. Après l'Orang-Outang, c'est, à ce qu'il paraît, le plus grand de tous les Singes. Ces animaux marchent toujours sur deux pieds ; ils pleurent et gémissent comme les hommes : ils ont de quatre à quatre pieds et demi de hauteur, lorsqu'ils sont debout ; il paraît même qu'il y en a de plus grands.

1 le Maïmon. 2 le Mandrill. 3 l'Ouanderou.

## LE MAIMON.

Ce Singe ressemble aux Babouins par son gros et large museau, par sa queue courte et arquée ; mais il en diffère et se rapproche des Guenons par sa taille, qui est fort au-dessous de celle des Babouins, et par la douceur de son naturel. Le Maimon est doux et même caressant. On le trouve à Sumatra et dans les autres provinces méridionales de l'Inde.

# LE MAGOT.

Cet animal peut avoir de deux à trois pieds de hauteur, quand il est debout ; il marche plus volontiers à quatre pattes qu'à deux. Il diffère du Pithèque ou Singe proprement dit, 1°, en ce qu'il a le museau gros et avancé comme un dogue ; 2°, en ce qu'il n'a pas les ongles des doigts aussi plats et aussi arrondis ; et enfin parce qu'il est plus grand, plus trapu et d'un naturel moins docile et moins doux.

« Nous avons nourri , dit M. de Buffon, un Ma--
» got pendant plusieurs années; l'été il se plaisait
» à l'air, et l'hiver on pouvait le tenir dans une
» chambre sans feu; quoiqu'il ne fût pas délicat,
» il était toujours triste, et souvent il faisait éga-
» lement la grimace pour marquer sa colère ou
» montrer son appétit; ses mouvemens étaient
» brusques et ses manières grossières, et sa phy-
» sionomie encore plus laide que ridicule ; il ai-
» mait à se coucher pour dormir sur un bureau;
» on le tenait toujours à la chaîne parce que, mal-
» gré sa longue domesticité, il n'en était pas plus

» civilisé, pas plus attaché à ses maîtres. » Il dit cependant en avoir vu de même espèce, qui en tout étaient mieux; plus reconnaissans, plus obéissans, même plus gais et assez dociles pour apprendre à danser, à gesticuler en cadence, et à se laisser tranquillement vêtir et coiffer.

---

On assure qu'en Guinée, il y a de ces Singes qui jouent de la flûte et de la guitare passablement. En 1715 on en montrait un à Paris qui commençait à jouer du violon.

Ces animaux se trouvent dans la plupart des contrées de l'Afrique , depuis la Barbarie jusqu'au Cap de Bonne-Espérance.

# LE MALBROUCK et LE BONNET-CHINOIS.

Il y a quatre sortes de ces guenons ou Singes à longue queue : blanc, noir, rouge et gris. Ces animaux se nourrissent de fruits, et mangent avec avidité les cannes à sucre qu'ils dérobent; quand ils sont poursuivis, ils jettent les cannes qu'ils tenaient dans la main gauche, et s'enfuient en courant à trois pieds; s'ils sont poursuivis vivement, ils jettent encore ce qu'ils tenaient de la main droite, et grimpent sur les arbres, qui sont leur habitation

1. le Malbrouck. 2 le Bonnet chinois. 3 le Macaque.

rdinaire. Lorsque le fruit leur manque, ils se
ourrissent des insectes, et quelquefois ils descen-
ent sur le bord des fleuves et de la mer, pour
ttraper des poissons et des crabes : pour pren-
re ces derniers, ils mettent leur queue entre
es pinces de ces mêmes crabes, et dès qu'elles
errent, ils les enlèvent et les emportent pour les
manger. Le Malbrouck a à-peu-près un pied et
emi de longueur, le Bonnet-Chinois lui ressem-
le ; il en diffère cependant en ce qu'il a le poil
u sommet de la tête disposé en forme de bonnet
lat.

7*

# LE MACAQUE.

Le Macaque est le singe qui approche le plus du
Babouin ; il est extrêmement laid : cette espèce est
originaire du Congo et des autres parties de l'Afrique méridionale.

1. le Léopard.  2. l'Once.

# LE LÉOPARD.

Ce quadrupède a quatre pieds de long, sans y comprendre la queue, qui est à-peu-près de deux pieds ; sa peau est pour le fond du poil d'un fauve plus ou moins foncé sur le dos et sur les côtés du corps, et d'une couleur blanchâtre sous le ventre ; il est marqué de taches noires et annelées. Cet animal se trouve au Sénégal, sur les côtes de Guinée et dans l'intérieur de l'Afrique.

Il se plaît dans les bois les plus fourrés, et dans les forêts impénétrables, et fréquente les bords des rivières pour y surprendre les animaux qui vont s'y désaltérer.

***

On parvient à dompter le Léopard, on l'apprivoise et on l'emploie à la chasse des Gazelles ou Antilopes. Le chasseur met dans une charrette le Léopard enfermé dans une cage ; lorsqu'il est près du gibier, on lui ouvre la porte, il s'élance vers la bête, l'atteint ordinairement en trois ou

quatre sauts, la terrasse et l'étrangle ; mais s'il
manque son coup, il devient furieux, abandonne
sa proie et revient vers son maître sur lequel il se
jetterait probablement ; mais pour l'appaiser , ce
dernier lui donne un morceau de viande ou un
agneau qu'il a tout exprès.

# L'ONCE.

L'Once est la petite espèce de Panthère *d'Oppien* que les voyageurs modernes appellent *Once,* du nom corrompu de *lynx* ou *lunx.* L'Once a une longueur d'environ trois pieds et demi, ce qui est à-peu-près la taille du *Lynx* ; il a le poil plus long que la Panthère, la queue beaucoup plus longue, quoique son corps soit en tout d'un tiers plus petit que celui de la Panthère, dont la queue n'a guère que

deux pieds et demi tout au plus ; le fond de son
poil est d'un gris blanchâtre sur le dos et sur les
côtés du corps, d'un gris encore plus blanc sous le
ventre , au lieu que le dos et les côtés du corps de
la Panthère sont toujours d'un fauve plus ou
moins foncé ; les taches sont presque de la même
grandeur dans l'une ou dans l'autre.

Ce quadrupède s'apprivoise aisément ; on le
dresse pour la chasse , on s'en sert pour cet usage
en Perse et dans plusieurs autres provinces de
l'Asie.

# LA PANTHÈRE.

La Panthère est un peu plus grosse que le Léopard; elle a cinq pieds de longueur, en la mesurant depuis l'extrémité du museau jusqu'à l'origine de la queue, laquelle est longue de deux pieds au moins. La couleur générale de cet animal, est le fauve, dont les nuances sont foncées sur le dos, pâles vers la poitrine et le ventre, qui sont blancs; le dos et les flancs sont ordinairement mar-

qués de taches noires formées en anneaux, et dis-
persées par groupes, au milieu desquels est une
moucheture noire. La Panthère a les oreilles courtes et pointues, et le regard hardi ; son extérieur
annonce la férocité. Elle est extrêmement difficile
à apprivoiser : dans l'état de captivité elle
pousse des rugissemens presque continuels. Cet
animal, ainsi que le Léopard et l'Once, se trouve
en Afrique et dans les climats chauds de l'Asie ;
ils n'ont jamais habité les pays du Nord, ni même
dans les régions tempérées. La Panthère se jette
rarement sur les hommes, quand même elle serait

provoquée ; elle grimpe aisément sur les arbres, où elle suit les chats sauvages et les autres animaux, qui ne peuvent lui échapper.

# LE JAGUAR.

Le Jaguar ressemble à l'Once par la grandeur du corps, par la forme de la plupart des taches dont sa peau est semée, même par le naturel ; il est moins féroce que le Léopard et la Panthère : il a le fond du poil d'un beau fauve comme le Léopard : il a la queue plus courte que l'un et l'autre.

Ce quadrupède est très-formidable et très-cruel ; c'est, en un mot, le Tigre du Nouveau Monde. Il vit

de proie comme le Tigre ; mais il ne faut, pour le faire fuir, que lui présenter un tison allumé ; et, lorsqu'il est repu, il perd tout courage et toute vivacité ; un chien seul suffit pour lui donner la chasse ,
et il n'est actif et agile que quand il est pressé par
la faim. Il a cette différence avec le Tigre, c'est
qu'il est susceptible d'être apprivoisé : il se montre
sensible aux attentions et aux soins ; il ne faut
cependant se fier à lui qu'avec circonspection.

Cet animal se trouve au Paraguai, à la Guiane,
au Brésil, au  pays des Amazones, au Mexique et
dans l'Amérique méridionale.

1. le Renard  2 l'Hyène

# LE RENARD.

Ce quadrupède fameux par ses ruses, mérite en partie sa réputation ; ce que le Loup ne fait que par force, celui-ci le fait par adresse, et réussit plus souvent. Sans chercher à combattre les Chiens, sans attaquer les troupeaux, sans traîner les cadavres, il est plus sûr de vivre. Il emploie plus d'esprit que de mouvement ; ses ressources semblent être en lui-même : ce sont , comme l'on sait, celles qui manquent le moins. Fin autant que circonspect, ingénieux et prudent, même jusqu'à la patience ; il varie sa conduite ; il a des moyens de réserve qu'il sait mettre à profit à propos. Il veille de près à sa conservation; quoiqu'aussi infatigable et même plus léger que le Loup, il ne se fie pas entièrement à la vitesse de sa course ; il sait se mettre en sûreté en se pratiquant un asile où il se retire dans les dangers pressans ; où il s'établit, et où il élève ses petits; il n'est pas animal vagabond , mais animal domicilié.

La Giraffe.

Le Renard a les formes plus déliées que le Loup, et il est beaucoup moins gros que cet animal ; sa queue est plus longue et plus touffue; mais la direction oblique de ses yeux et la forme de ses oreilles sont semblables à celles du Loup, sa tête paraît à proportion plus forte. On ne peut guère apprivoiser cet animal, qui a cependant l'humeur assez gaie; il refuse la nourriture qu'on lui donne et meurt. S'il se trouve pris dans un piége, il se coupe la patte avec ses dents pour se sauver.

« Le choix du lieu de son domicile, l'art de faire ce manoir, de le rendre commode, d'en dérober

8

l'entrée, dit M. de Buffon, sont autant d'indices d'un sentiment supérieur. Le Renard en est doué et tourne tout à son profit; il se loge au bord des bois, à portée des hameaux; il écoute le chant des Coqs et le cri des volailles; il les savoure de loin : il prend habilement son temps, cache son dessein et sa marche, se glisse, se traîne, arrive et fait rarement des tentatives inutiles, s'il peut franchir les clôtures, ou passer par dessous; il ne perd pas un instant, il ravage la basse-cour, y met tout à mort, se retire ensuite lestement en emportant sa proie qu'il cache sous la mousse, ou

qu'il emporte dans son terrier ; il revient quelques
momens après en chercher une autre, qu'il emporte et cache de même, mais dans un autre endroit,
ensuite une troisième, une quatrième, etc., jusqu'à
ce que le jour, ou le mouvement dans la maison,
l'avertisse qu'il faut se retirer et ne plus revenir.»
Il suit la même manœuvre dans les pipées et dans
les hoqueteaux où l'on prend les Grives et les Bé-
casses au lacet : il devance le pipeur, va de très-
grand matin, et souvent plus d'une fois par jour,
visiter les lacets, les gluaux, emporte successive-
ment les oiseaux qui se sont empêtrés, les dépose

8*

tous en différens endroits, surtout au bord des chemins, dans les ornières, sous de la mousse, sous un genièvre, les y laisse quelquefois deux ou trois jours, et sait parfaitement les retrouver au besoin. Il chasse les jeunes Levreaux en plaine, saisit souvent les lièvres au gite, ne les manque jamais lorsqu'ils sont blessés, déterre les Lapereaux dans les garennes, découvre les nids de Perdrix, de Cailles, prend la mère sur les œufs, et détruit une quantité prodigieuse de gibier.

Le Renard est aussi vorace que carnassier; il mange de tout avec une égale avidité, des œufs, du

lait, du fromage, des fruits et surtout du raisin.
Lorsque les Levreaux et les Perdrix lui manquent,
il se rabat sur les Rats, les Mulots, les Serpens, les
Lézards, les Crapauds, etc. Il en détruit un grand
nombre, c'est là le seul bien qu'il procure. Il est
très-avide de miel; il attaque les Abeilles sauvages,
les Guêpes, les Frêlons, qui d'abord tâchent de le
mettre en fuite, en le perçant de mille coups
d'aiguillons; il se retire en effet, mais c'est en se roulant pour les écraser, et il revient si souvent à la
charge, qu'il les oblige à abandonner le guêpier;
alors il le déterre et en mange le miel et la cire. Il

prend aussi les Hérissons, les roule avec ses pattes, et les force à s'étendre. Enfin il mange du Poisson, des Ecrevisses, des Hannetons, des Sauterelles, etc. Cet animal vit de treize à quatorze ans.

La plupart de nos Renards sont roux, mais il s'en trouve aussi dont le poil est gris argenté.

# L'HYÈNE

Elle est de la grandeur du Loup, et paraît seulement avoir le corps plus court et ramassé; elle habite les cavernes des montagnes et les lieux garnis de rochers. Les Hyènes ne sortent que par troupeaux, pendant la nuit, pour se nourrir de charogne ou de tous les animaux vivans dont elles peuvent s'emparer. Ces animaux commettent souvent de grands ravages parmi les bestiaux dont ils forcent les étables; ils violent aussi l'asile des morts pour dévorer les cadavres putréfiés et se plaisent au milieu de l'infection des tombeaux: leurs yeux brillent dans l'obscurité, on croit qu'ils voient mieux la nuit que le jour. Ces quadrupèdes se défendent contre le Lion; ils ne craignent pas la Panthère ni l'Once, ils osent même quelquefois attaquer l'homme. L'Hyène se trouve dans presque tous les climats chauds de l'Afrique et de l'Asie.

Il y a au Cap de Bonne-Espérance une Hyène beaucoup plus grosse que celle dont nous venons de parler : elle a le corps plus long à proportion , et le museau allongé et plus ressemblant à celui du Chien ; en sorte qu'elle ouvre une gueule bien plus large. Ce quadrupède est si fort qu'il enlève aisément un homme, et l'emporte à une lieue sans le poser à terre.

# LE CERF.

Le Cerf est un très-joli animal; l'élégance de ses
formes, la flexibilité de ses membres et la grandeur de sa ramure, lui donnent une supériorité
marquée sur tous les autres animaux habitant les
forêts. La tête du mâle seulement est armée de
bois qui tombent vers la fin de février ou au com-
mencement de mars : pendant les premières années,
on n'aperçoit sur celle des jeunes Cerfs qu'une

1. le Cerf. 2. la Biche.

petite protubérance couverte d'une peau mince et velue; la seconde année, leurs cornes sont droites et isolées; l'année d'ensuite elles produisent deux branches ou andouillers, et il en pousse une nouvelle tous les ans jusqu'à ce qu'ils en aient six; ces quadrupèdes alors peuvent être regardés comme parvenus à leur dernier degré de croissance.

La tête des Cerfs va tous les ans en augmentant de grosseur et en hauteur, depuis la deuxième année de leur vie jusqu'à la huitième; elle se soutient toujours belle et à-peu-près de même pendant toute la vigueur de l'âge; mais lorsqu'ils deviennent

vieux leur tête décline aussi. Le Cerf vit de trente-
cinq à quarante ans.

Lorsque le Cerf est chassé, il ne manque jamais
d'employer la ruse pour se soustraire à ceux qui le
poursuivent. Il passe et repasse plusieurs fois sur
sa voie ; il cherche à se faire accompagner d'autres
bêtes pour donner le change, et alors il s'éloigne
tout de suite, ou bien il se jette à l'écart, se cache,
reste sur le ventre. Lorsqu'il est fatigué, il fait
beaucoup plus de ruses ; ses détours devenant inutiles, il n'a d'autres ressources que de se jeter à
l'eau pour faire perdre sa piste aux Chiens.

1. le Daim. 2 la Daine.

# LE DAIM.

Quoiqu'il ait une grande ressemblance avec le Cerf, ils ne vont point ensemble ; ils se fuient même et ne se mêlent jamais, ne forment par conséquent aucune race intermédiaire. Il est assez rare de trouver des Daims dans les pays habités par des Cerfs. Outre les Daims communs et les Daims blancs, l'on en connaît encore plusieurs autres ; les Daims d'Espagne, par exemple, qui sont presque aussi

grands que des Cerfs, mais qui ont le cou moins
gros et la couleur plus obscure, avec la queue
noirâtre, non blanche par dessous et plus longue
que celle des Daims communs; les Daims de la
Virginie, aussi grands que ceux d'Espagne. Tous
ont le bois plus veule, plus aplati, plus étendu en
longueur, et en proportion plus garni d'andouillers
que celui du Cerf. Il est aussi plus recourbé en de-
dans, il se termine par une large et longue empaumure, et quelquefois, lorsque leur tête est forte
et bien nourrie, les plus grands se terminent eux-
mêmes par une petite empaumure.

Le Daim commun a la queue plus longue que le Cerf, et le pelage plus clair. La tête des Daims mue comme celle des Cerfs; mais leur bois tombe plus tard. Ils sont à-peu-près le même temps à se refaire. Ces animaux raient d'une voix entrecoupée et basse. Ils vivent environ vingt ans.

# LA GIRAFE.

Ce quadrupède est un des plus grands animaux et qui, sans être nuisible, est du moins le plus inutile. La disproportion énorme de ses jambes, dont celles de devant sont une fois plus longues que celles de derrière, fait obstacle à l'exercice de ses forces; son corps n'a point d'assiette, sa démarche est vacillante, ses mouvemens sont lents et

contraints. Elle a peu de défense contre les animaux féroces : aussi l'espèce n'en est-elle pas nombreuse ; elle a toujours été confinée dans les déserts
de l'Éthiopie , et dans quelques autres provinces de
l'Afrique méridionale.

La peau de la Girafe est tigrée, comme celle de
la Panthère, et son cou est long comme celui du
Chameau , mais plus relevé. Elle a la tête et les
oreilles petites ; ses yeux sont grands, vifs et beaux ;
sa tête est surmontée de deux petites cornes longues de six pouces à-peu-près ; ces cornes ne sont
pas fortes ; sa langue est longue, mince et noirâtre ;

9

la Girafe la sort continuellement, elle s'en sert pour attraper les feuilles des arbres élevés et pour prendre sa nourriture; sa lèvre supérieure est beaucoup plus longue que l'inférieure. Cet animal se nourrit de feuilles, et principalement de celles d'un arbre appelé *mimosa.*

Quand la Girafe est droite, elle peut avoir dix-huit pieds de hauteur; sa queue est courte et garnie d'un poil rouge ou noir à l'extrémité. Ses pieds sont fourchus comme ceux du bœuf; quand elle marche, elle fait aller les jambes du même côté à la fois; c'est-à-dire la jambe du côté droit de devant, avec celle du côté droit de derrière ; il en est de même pour les jambes gauches.

***

On n'avait pas encore vu de Girafe vivante en France ; toutes celles qu'on avait voulu faire venir étaient mortes en route. Le Pacha d'Égypte en fit cadeau d'une pour la ménagerie de Paris, où elle est au Jardin des Plantes. Les personnes qui ont amené cette jolie bête sur un bâtiment sarde, l'ont débarquée à Marseille ; elle y a resté plus de six mois ; elle en partit enfin pour la capitale,

9*

au mois de mai 1827 ; elle a fait la route à pied et a mis à-peu-près six semaines. On allait à petites journées, et par les villes où la Girafe passait, tout le monde voulait la voir, et s'empressait sur son passage. A Lyon ses conducteurs la firent rester quelque temps pour se reposer ; et tous les jours, de midi à deux heures, on la promenait sur la place Belle-Cour, pour que le public pût la voir à son aise.

1 le Bœuf. 2 le Bison. 3 le Zébu.

# LE BŒUF.

Le Bœuf est un des plus grands et des plus forts, des animaux domestiques. Sa tête, surmontée de deux cornes courtes et pointues séparées l'une de l'autre, présente un aspect imposant. La grosseur de son cou et la largeur de ses épaules indiquent assez qu'il est propre à tirer. C'est en effet de cette manière qu'il tire le plus avantageusement; il y a beaucoup de provinces où on les fait tirer par les cornes; en Suisse surtout, pays dans lequel on n'emploie que des Bœufs pour cultiver la terre. La masse de son corps, la lenteur de ses mouvemens, le peu de hauteur de ses jambes, tout jusqu'à sa tranquillité, sa patience, sa douceur au travail, semblent concourir à le rendre propre à la culture des champs, et plus capable qu'aucun autre de vaincre la résistance constante et toujours croissante que la terre oppose à ses efforts. Le Cheval, quoique peut-être aussi fort que le Bœuf, est moins propre à cet ouvrage. La vie du Bœuf est de quatorze à quinze ans.

# LE BISON.

Le Bison a les cornes rondes et courtes, dont la pointe est tournée en dehors, le front large, l'œil étincelant d'une expression féroce, une bosse sur les épaules presqu'aussi grosse que celle du Chameau. La crinière onduleuse qui lui forme une espèce de barbe sous le menton, et qui lui entoure la tête, n'est cependant pas en crin, mais en laine très-fine. La partie antérieure de son corps

est très-forte et très-ramassée, et à proportion celle
du train de derrière plus faible. Leur grandeur est
d'un Bœuf commun de moyenne taille; mais les
Bisons ont les jambes plus longues et les cornes
plus belles. Il subsiste en Écosse une race de Bisons
blancs qui ont encore la férocité de leurs ancêtres,
et qui sont très-sauvages : au moindre mouvement
ils prennent la fuite et courent très-vite; quand
on veut s'en procurer quelqu'un, il faut les tuer à
coups de fusil.

Quoique ces animaux aiment la solitude, ils s'approchent parfois des habitations lorsque la faim,

en hiver, les y force; ils vont dans les hangards manger le foin destiné aux animaux domestiques.

***

Il y a au Jardin des Plantes à Paris un Bison ordinaire, qui paraît très-doux; il a toujours la tête basse, et quelquefois, l'été, il met le nez dans l'eau, reste là, ne bouge que ce qu'il faut pour ne pas perdre la respiration.

~~~~~~~~~~~~~~~~~~~~~~~~~~~~~~~~~~~~~~~~~~~~~~~~~~~~~~

## LE ZÉBU.

CET animal est très-doux et même caressant, d'une figure agréable, quoique massive et un peu trop carrée. Il ressemble tellement au Bœuf, que l'on ne peut pas en donner une plus juste idée, qu'en disant que si l'on regardait un taureau de la plus belle forme et du plus beau poil avec un verre qui diminuât les objets de plus de la moitié, cette figure rapetissée serait celle du Zébu. Il se trouve
~~~~~~~~~~~~~~~~~~~~~~~~~~~~~~~~~~~~~~~~~~~~~~~~~~~~~~

dans les mêmes climats que les grands Bisons, et tous deux sont doux et faciles à conduire ; tous deux ont le poil fin et la bosse sur le dos. Cette bosse ne dépend point de la conformation de l'épine, ni de celle des os des épaules; ce n'est qu'une excroissance, une espèce de loupe, morceau de chair tendre aussi bon à manger que la langue du Bœuf.

# LE ZÈBRE.

CET animal a une forte tête, les oreilles longues qui ressemblent à celles de l'Ane. Son corps est rond, charnu et bien fait; ses jambes sont fines et délicates; il a la figure et la légèreté du Cerf, sa robe rayée de rubans noirs et blancs disposés alternativement avec tant de régularité et de symétrie, qu'il semble que la nature ait employé la règle et le compas pour le peindre. Ces bandes alternatives

1 le Zèbre . 2 le Couagga .

de noir et de blanc sont d'autant plus singulières,
qu'elles sont parallèles et exactement séparées
comme dans une étoffe rayée ; que d'ailleurs elles
s'étendent non seulement sur le corps, mais sur la
tête, sur les cuisses, sur les jambes et jusque sur
les oreilles et la queue.

Dans la femelle ces bandes sont noires sur un
fond blanc, et dans le mâle elles sont noires et jau-
nes. On trouve le Zèbre dans les parties méridionales de l'Afrique, depuis l'Éthiopie jusqu'au Cap
de Bonne-Espérance, et de là jusqu'au Congo.

Le Zèbre est plus petit que le Cheval et plus

gros que l'Ane ; et quoiqu'on l'ait comparé souvent
à ces deux animaux, qu'on l'ait même appelé
*Cheval sauvage* et *Ane rayé*, il n'est la copie ni
de l'un ni de l'autre. Tous les efforts employés
jusqu'à présent pour apprivoiser ce quadrupède ont
été inutiles; farouche et porté à l'indépendance,
il ne paraît pas fait pour devenir domestique.

l'Éléphant.

# L'ÉLÉPHANT.

C'est le plus gros et le plus fort de tous les animaux terrestres. Sa hauteur est de douze pieds, et sa largeur de six pieds; il a la tête très-grosse, de petits yeux perçans, les oreilles larges, et une trompe de six à sept pieds, et deux défenses qui tiennent à la mâchoire supérieure, des deux côtés de la trompe; c'est sans compter huit grosses dents machelières. L'extrémité de la trompe de l'Élé-

phant se termine par un rebord qui s'allonge par-
dessus en forme de doigt : c'est par le moyen de ce
rebord qu'il fait tout ce que nous faisons, qu'il
ramasse les pierres les plus petites, qu'il cueille
les fleurs en les choisissant une à une, dénoue un
cordon, ferme la porte en tournant la clef et pousse
les verrous.

Quoique, pour la grosseur de sa masse, l'Éléphant
paraisse lourd, il n'en est cependant rien, car il
ne manque pas de légèreté, et peut faire de 20 à 3o
lieues par jour ; et, si on le pressait, il pourrait en
faire 4o. Cet animal vit de cent à deux cents ans.

L'intelligence de ce quadrupède surpasse celle de bien d'autres animaux; il est très-susceptible d'attachement et de reconnaissance, il est sensible aux reproches, et entend très-bien si on lui dit des injures ou si on lui fait des complimens. Dans l'état sauvage, l'Éléphant n'est ni sanguinaire, ni féroce; il est d'un naturel doux, et jamais il n'abuse de sa force; on le voit rarement errant solitaire, il marche presque toujours de compagnie : le plus âgé conduit la troupe, le second d'âge la fait aller, et marche le dernier; les jeunes et les faibles sont au milieu des autres; les mères portent leurs petits et les tiennent embrassés de leur trompe. L'Éléphant se nourrit d'herbes et de racines, il déterre ces dernières avec ses défenses. Ce sont ces défenses qui produisent l'ivoire, elles varient de grandeur ; il y en a de 7 à 8 pieds , celles-ci sont les plus grandes qu'on ait vues.

Les Éléphans sont plus nombreux en Afrique qu'en Asie, d'après le témoignage des historiens et des voyageurs. On a remarqué qu'ils traitent les nègres avec cette indifférence dédaigneuse qu'ils ont pour les animaux; ils ne les regardent pas comme des êtres puissans et redoutables. Les Élé-

phans d'Asie l'emportent par la taille et par la force, sur ceux d'Afrique; et en particulier ceux de
Ceylan sont encore supérieurs à ceux d'Asie, non
par la grandeur, mais par le courage et l'intelligence.

---

Des voyageurs dignes de foi rapportent que, dans
l'Indostan, les Éléphans chargés de porter les ba-
gages des armées, sont sous la surveillance d'un des
naturels du pays. Cet homme et sa femme vont ra-
masser des branches d'arbre et des feuilles pour la

nourriture de l'Éléphant qu'ils ont sous leur garde ;
avant , ils l'attachent à un pieu fixé en terre, et laissent sous sa protection un tout jeune enfant ; cet in-
telligent animal en a un grand soin ; si l'enfant
s'éloigne , en se traînant, à l'extrémité de la chaîne , il le prend très-doucement avec sa trompe , et
le rapproche, de manière à ce que l'enfant soit à
sa portée.

---

Un Éléphant venait de se venger d'un cornac
en le tuant ; sa femme, témoin de ce spectacle, prit

ses deux enfans et les jeta aux pieds de l'animal,
en lui disant : puisque tu as tué mon mari, ôte-
moi la vie ainsi qu'à mes deux enfans. L'Éléphant
s'arrête tout court, s'adoucit; et, comme s'il eût été
touché de regret, prit avec sa trompe le plus grand
de ces deux enfans, le mit sur son dos, l'adopta pour
son cornac, et n'en voulut pas souffrir d'autre.

## LE LAPIN.

C'est un joli petit animal ayant de longues oreilles et un poil fort doux, il est à-peu-près gros comme un Chat.

Ces animaux multiplient si prodigieusement dans les pays qui leur conviennent, que la terre ne peut fournir à leur subsistance. Les Lapins et les Lièvres détruisent les herbes, les racines, les graines, les fruits, les légumes et même les ar-

d'Angora 2 le Daman israel 3 le Daman du Cap

brisseaux et les arbres. Pour se mettre à l'abri du Loup, du Renard et de l'Oiseau de proie, ils creusent un trou très-profond où ils se retirent pendant le jour. Ces petits quadrupèdes vivent de 8 à 9 ans. Le Lapin est très-bon à manger, surtout le Lapin dit de Garenne; ce dernier a la chair aussi bonne et quelquefois meilleure que celle du Lièvre.

# LE DAMAN.

Le Daman a la forme et la grandeur du Lapin, ses pattes de devant sont un peu plus courtes que celles de derrière. Cet animal est très-commun au Liban ; il s'en trouve également beaucoup dans l'Arabie Pétrée. Il n'a pas de queue ; il a trois doigts à chaque patte, à-peu-près comme ceux des Singes.

*1 le Lama. 2 la Vigogne.*

## LE LAMA.

Le Lama a quatre pieds de hauteur, et ressemble au Chameau, bien qu'il n'ait pas sa difformité. Les pieds du Lama sont fourchus comme ceux du Bœuf, de manière à ce qu'il n'a pas besoin d'être ferré, mais en arrière ils sont surmontés d'une espèce d'éperon qui met l'animal à même de se soutenir aux descentes rapides; les Lamas sont très-utiles dans le pays qu'ils habitent; ils ne coûtent ni entretien ni nourriture ; la laine épaisse dont ils sont couverts dispense de les bâter ; ils n'ont besoin ni de grains, ni d'avoine, ni de foin ; l'herbe verte qu'ils broutent eux-mêmes leur suffit, et ils n'en prennent qu'une petite quantité ; ils sont encore plus sobres sur la boisson : ils s'abreuvent de leur salive, qui dans cet animal est plus abondante que dans aucun autre.

Dans les pays où se trouvent ces quadrupèdes, on s'en sert en place de Chameaux ; étant en très-grand nombre ils font la richesse des habitans. Ils sont principalement à l'île des Pinguins et dans l'intérieur des terres, jusqu'au Cap des Vierges, qui forme, au Nord, l'entrée du détroit de Magellan ; ainsi ces bêtes ne craignent nullement le froid. On chasse les Lamas sauvages pour en avoir la toison.

## LA VIGOGNE.

Elle ressemble au Lama, mais elle est plus leste et plus légère ; ses jambes sont plus longues à proportion du corps, plus minces, et mieux faites que celles du Lama. La Vigogne porte la tête haute sur un cou long et délié, ce qui lui donne l'air agile. Elle est moins susceptible de s'apprivoiser que le Lama ; elle est méchante parfois, en essayant de mordre les personnes qui veulent la contraindre.

La laine de cet animal est plus fine que celle du Lama ; et ce n'est que pour avoir sa dépouille qu'on lui fait la guerre. Les Vigognes vont par troupes, et se tiennent sur la croupe des montagnes de Cusco, de Potosi et du Tucuman, dans des rochers à pic et des lieux sauvages. Elles descendent dans les vallons pour paître.

## LE CHAMEAU.

Le Chameau et le Dromadaire ne forment pas deux espèces différentes ; mais ce sont deux races distinctes, existant depuis bien long-temps. Ce qui distingue le Chameau du Dromadaire, c'est que l'un a deux bosses sur le dos et l'autre n'en a qu'une. Ces animaux se mêlent et produisent ensemble, et les petits qui proviennent de cette race croisée, sont ceux qui ont le plus de force, et qu'on préfère à tous les autres.

1. le Chameau. 2 le Dromadaire.

Sans le secours de ces animaux, il serait impossible de traverser les grands déserts arides. Ils ont les
pieds faits pour marcher dans les sables, et ne peuvent au contraire se soutenir dans les terrains humi-
des et glissans. La facilité qu'ils ont de s'abstenir de
boire pendant quinze jours, les rend plus propres
qu'aucun autre animal, à faire ces longues routes.
Dans un voyage qui doit durer du temps, on ne
donne aux Chameaux pour leur nourriture, qu'un
peu de pois qu'ils s'occupent à mâcher en marchant;
ils mangent également quelques plantes épineuses
qui se trouvent sur leur chemin, ce qui prouve

qu'ils sont très-sobres. Un Chameau porte ordinairement une charge de mille à douze cents pesant,
et fait autant de chemin qu'on le désire, avec ce
fardeau sur le dos; sa marche est de dix à douze lieues
par jour. Lorsqu'on surcharge ces animaux, ils
jettent quelques cris lamentables; quoique continuellement excédés, ils ont autant de cœur que de
docilité; au premier signe, ils plient le genou et
s'accroupissent jusqu'à terre pour se laisser char-
ger dans cette situation, ce qui évite à l'homme
d'élever les paquets à une grande hauteur. Dès
qu'ils sont chargés, ils se relèvent d'eux-mêmes;

sans être soutenus. Celui qui les conduit, monté
sur l'un d'eux, les précède tous et leur fait prendre le même pas qu'à sa monture. On n'a besoin ni
de fouet, ni d'éperon pour les exciter; mais lorsqu'ils commencent à être fatigués, on soutient leur
courage, ou plutôt on charme leur ennui par le
chant ou par le son de quelque instrument. Quand
il faut s'arrêter, les Chameaux s'accroupissent de
nouveau, et se laissent tomber avec leur charge.
On leur ôte le fardeau en dénouant les cordes et
laissant couler les ballots des deux côtés. Ils restent ainsi accroupis, couchés sur le ventre, et

s'endorment au milieu de leur bagage, qu'on rattache le lendemain avec autant de promptitude et de facilité qu'on l'avait détaché la veille.

Les Chameaux ont l'instinct de sentir ou de découvrir une source d'eau à une demi-lieue de distance ; après une longue privation, ils se dirigent vers la source sans que leurs conducteurs se doutent où elle est.

1 le Musc  2 le Chevrotain  3 le Chevrotain de i̇g̣

# LE MUSC.

CET animal a la longueur de deux  pieds à-peu-
près, et  dix-huit pouces de hauteur  au  train de
derrière qui est plus  élevé que celui de devant. Le
Musc a deux défenses de chaque côté de la mâchoire supérieure, qui sont larges et dirigées en bas et
recourbées en  arrière. Ce petit animal  est joli et
paraît être fort  doux;  il  est timide  et craintif.
L'odeur qu'il répand est très-forte, et porte le même

11*

nom que l'animal : cette odeur est renfermée dans une poche placée sous le ventre à l'endroit du nombril.

# LE CHEVROTIN.

Cet animal est de la grosseur d'un lièvre, et ressemble beaucoup au Cerf, bien qu'il n'ait point de cornes. Les Chevrotins sont très-bien proportionnés dans leur taille ; ils font des sauts, des bonds extraordinaires; mais il paraît qu'ils ne peuvent pas courir bien fort, puisque les Indiens les attrapent à la course. Les nègres chassent ces petits quadrupèdes et les tuent à coups de bâtons.

Les Chevrotins habitent les Indes orientales et le Sénégal; ils sont d'une grande délicatesse et ne peuvent guère se transporter vivans en Europe; ils n'y peuvent subsister ; une fois hors les pays chauds, ils périssent en peu de temps. Ces petits animaux sont doux et familiers, et d'une jolie figure.

# LE CASTOR.

Le Castor est un animal amphibie dont la longueur porte trois pieds ; sa queue qui a la forme
extérieure ovale, est longue de dix à douze pouces;
elle est dépourvue de poil et couverte d'écailles
comme celles d'un poisson. Son poil est couleur mar-
ron et très-luisant ; il est aussi doux que le duvet
le plus fin; il en a de grand et de court : ses oreilles
sont courtes et cachées en partie dans sa fourrure :

il a les dents incisives très-fortes, c'est le seul
instrument dont il se sert pour couper le bois ;
aussi ne se nourrit-il que d'écorces et de feuilles
d'arbres. Cet animal a les pattes de derrière plus
grandes que celles de devant; elles ressemblent à-
peu-près à celles d'une oie, et lui servent à nager ;
celles de devant ont la figure de la main, et il s'en
sert, comme l'Écureuil, pour manger. Les Castors
s'assemblent au mois de Juillet pour se réunir en
société : ils arrivent de plusieurs côtés et forment
bientôt une troupe de deux ou trois cents. Le lieu
de la réunion est ordinairement un endroit abon-

dant en vivres, arrosé d'une petite rivière ; ils son-
dent le terrain, et l'endroit le moins profond est le
lieu qu'ils choisissent pour établir leur demeure :
si les eaux se soutiennent toujours à la même hauteur, comme celles des lacs, ils font leur cabane sur
le rivage ; si au contraire ce sont des eaux couran-
tes, sujettes à hausser ou à baisser, ils construisent
une chaussée et une digue capables de retenir l'eau
à un niveau toujours égal : comme c'est pour le
bien commun, tous y travaillent également; ils
sont tout à la fois architectes et ouvriers. L'endroit de la rivière où ils établissent leur digue, est

en général peu profond; s'il se trouve sur le bord
un gros arbre qui puisse tomber dans l'eau, ils
commencent par l'abattre pour en faire une pièce
principale de leur construction : tous se mettent
à l'ouvrage ; ils rongent d'abord l'écorce, ensuite
le tronc de l'arbre ; ce travail est bientôt fait parce qu'ils se relaient; et il se fait si adroitement,
que l'arbre tombe toujours dans la direction qu'ils
veulent donner à leur digue, c'est-à-dire en travers sur la rivière; l'arbre ainsi abattu, plusieurs de
ces animaux entreprennent d'en ronger les branches et de les couper, afin de faire porter l'arbre

partout également, et de lui donner de l'aplomb.

Pendant ce temps, d'autres parcourent le bord de la rivière, coupent des morceaux de bois de différentes grosseurs, et les scient à la hauteur nécessaire pour en faire des pieux ; ils les amènent avec leurs dents, d'abord par terre jusqu'au bord de la rivière, ensuite par eau jusqu'au lieu de la digue. Arrivés là, ils les tiennent perpendiculairement dans la rivière, tandis que d'autres Castors, au fond de l'eau, sont occupés à creuser la terre, pour que ces pieux puissent y entrer; ils entrelacent ensuite ces pieux avec des branches, remplissent les intervalles avec de la terre glaise, qu'ils gâchent et pétrissent avec leurs pieds de devant, et qu'ils battent ensuite avec leur queue qui leur tient lieu de truelle.

Le génie de ces animaux a tout prévu en fabriquant ce pilotis; il se trouve soutenu contre l'effort de l'eau par un talus régulier; le côté opposé est à pic. Ces digues sont assez solides pour supporter quelques personnes, et ils ont grand soin de les entretenir, car ils réparent les moindres ouvertures avec de la terre glaise: au haut de la chaussée, c'est-à-dire dans la partie où elle a le moins d'é-

paisseur, ils pratiquent deux ou trois ouvertures
en pente qui servent à l'écoulement des eaux.

Ces premiers travaux étant finis, chacun de ces
animaux en particulier s'occupe d'édifier son habitation : ce sont des cabanes ou plutôt des espèces
de maisonnettes bâties dans l'eau, sur un pilotis
plein, tout près du bord de leur étang, avec deux
issues: l'une pour aller à terre, l'autre pour se jeter
à l'eau en cas de danger. La forme de cet édifice
est presque toujours ovale ou ronde; il y en a de
plus grands et de plus petits, depuis quatre ou cinq
jusqu'à huit ou dix pieds de diamètre ; le bois, la

terre, et les petites pierres en sont les matériaux : les murailles ont jusqu'à deux pieds d'épaisseur. La cabane est terminée en forme de voûte ; les murs sont enduits intérieurement d'une espèce de torchis appliqué à l'aide de leur queue, et qui est aussi solide que propre. On ménage dans chaque cabane un magasin rempli d'écorces de bois tendre, qui est leur aliment ordinaire.

Les habitans de chaque cabane y ont tous un droit commun, et ne vont jamais piller leurs voi-sins ; ils sont réunis en plus ou moins grand nom-bre, suivant la grandeur de la cabane, qui a quelquefois deux et même trois étages : quelque nombreux qu'ils soient, l'union et la paix s'y maintiennent sans altération. Si quelque ennemi vient les attaquer, les premiers qui l'aperçoivent avertissent les autres en frappant de la queue sur l'eau ; à ce bruit qui retentit au loin, les uns se précipitent au fond de leurs cabanes et les autres plongent sous les eaux.

Le Castor vit de 15 à 20 ans. Il est d'une extrême propreté et ne peut supporter la moindre ordure ni la plus légère odeur. On trouve des Castors en Amérique, depuis le trentième degré de latitude nord, jusqu'au soixantième et au-delà. Ils sont très-communs vers le nord, et toujours en moindre nombre à mesure qu'on avance vers le midi. C'est de même dans l'ancien continent.

On en trouve en quantité dans les contrées les plus septentrionales. La fourrure du Castor est d'un très-grand avantage : on en fait des chapeaux, des bas, des gants et des bonnets.

le Rhinocéros.

## LE RHINOCÉROS.

Le Rhinocéros a  au moins douze pieds de longueur depuis l'extrémité du museau jusqu'à l'origine de la queue, et  six à sept pieds de hauteur; la
circonférence de son corps est à-peu-près égale à sa
longueur. Par le volume il approche de l'Éléphant;
s'il paraît bien plus petit, c'est qu'il a les jambes
fort basses, mais il diffère de l'Éléphant par ses
facultés naturelles et par l'intelligence. Cet animal

12

porte sur le nez une corne très-dure, solide dans sa longueur; avec cette arme, le Rhinocéros défend toutes les parties intérieures de son museau, et préserve d'insultes le mufle, la bouche et la face; en sorte que le Tigre attaque plus volontiers l'Éléphant, dont il saisit la trompe, que le Rhinocéros, qu'il ne peut coiffer sans risquer d'être éventré. Car le corps et les membres sont recouverts d'une enveloppe impénétrable; cet animal ne craint ni les griffes du Tigre, ni les ongles du Lion; ni le fer ni le feu du chasseur; sa peau est un cuir noirâtre extrêmement épais; il ne peut ni

froncer ni contracter cette peau, elle est seulement plissée par de grosses rides au cou, aux
épaules et à la croupe, pour faciliter le mouvement
de la tête et des jambes, qui sont massives et ter-
minées par de larges pieds armés de trois grands
ongles.

Le Rhinocéros, sans être ni féroce, ni carnassier, ni même très-farouche, est cependant intrai-
table. Il est à-peu-près en grand ce que le Cochon
est en petit. On le trouve en Asie et en Afrique;
mais l'espèce est moins répandue que celle de
l'Éléphant. Cet animal se nourrit d'herbes grossiè-

12*

res, de chardons, d'arbrisseaux épineux ; il aime beaucoup les cannes à sucre, et mange aussi de toutes sortes de grains ; n'ayant nul goût pour la chair, il n'inquiète pas les petits animaux ; il ne craint pas les grands, vit en paix avec tous.

## LE BOA ou DEVIN.

Le Devin a de trente à quarante pieds de longueur; sa grosseur est proportionnée à sa taille.
C'est le plus grand et le plus fort de tous les Serpens. Il joint à la beauté, l'industrie et le courage; il combat avec hardiesse et ne dompte que par
sa puissance. Quand le Devin s'avance, on remar-
que les hautes broussailles et même les petits arbrisseaux qui se couchent à droite et à gauche, sem-

blables à une pièce de bois que l'on traînerait avec
vitesse. A l'approche de cette bête, les Gazelles et
les autres animaux fuient avec promptitude et prennent un chemin opposé à celui que parcourt le
Devin ; le seul moyen de se garantir de la fureur
de ce serpent, est de mettre le feu aux herbes déjà
à demi brûlées par l'ardeur du soleil, dans les pays
chauds de l'Afrique, et de l'Inde, car le fer ne
suffit pas toujours contre ce dangereux ennemi,
surtout quand il est irrité par la faim. En vain
voudrait-on chercher un abri sur les arbres, opposer les fleuves : il nage assez bien pour traverser

les bras de mer, et roule avec promptitude jusqu'aux cimes les plus hautes.

LORSQUE le Devin aperçoit un Bœuf ou une
tout autre bête de cette grosseur, qu'il ne peut
prendre avec ses dents, il se précipite avec une
grande rapidité sur sa proie ; il l'enveloppe , il la
serre avec tant de force, qu'il l'étouffe en peu d'in-
stans. Ensuite , comme il ne peut l'avaler malgré la
grande ouverture de sa gueule, et la facilité qu'il
a de l'agrandir , il continue de presser sa victime ;

pour la briser plus aisément , il l'entraîne en se roulant avec elle auprès d'un gros arbre , dont il renferme le tronc dans ses replis, la place entre l'arbre et son corps , les environne l'un et l'autre de ses nœuds vigoureux , et se servant de sa tige noueuse , comme d'un levier , il redouble ses efforts et parvient à comprimer autour de son corps l'animal qu'il a immolé. Après avoir donné à sa proie la souplesse qui lui est nécessaire, il continue de la presser pour l'allonger , et pétrit avec sa salive cet amas de chair amollie et d'os broyés: quelquefois cet animal ne peut en engloutir que la moitié :

alors la dernière partie reste à découvert, jusqu'à ce que la première ait été digérée.

Le Devin n'a point de venin.

# LE SERPENT A SONNETTES.

C'est le plus dangereux, parce que son venin est extrêmement subtil. Ce reptile a deux mâchoires armées de petites dents aiguës, et la mâchoire supérieure a quatre grands crochets courbés et pointus. A la base de chacun de ces crochets, est une ouverture ronde qui communique à une cavité placée à la pointe de la dent, et forme ainsi un petit canal ; ces dents peuvent être dressées ou déprimées. Quand ce serpent mord, il fait sortir la liqueur fatale d'une glande qui se trouve à leur racine ; elle est reçue aussitôt dans l'orifice rond des dents, et conduite à travers le tube au bout de la dent, et de là dans la plaie. Lorsqu'on a été mordu par cet animal, on enfle, le corps augmente d'un volume extraordinaire ; la bouche est en feu ; une soif ardente vous étouffe ; malheur à celui qui boit dans cette circonstance ! c'en est fait de lui, en quelques minutes il meurt. Il n'y a pas grand remède contre le Serpent à sonnettes ; seulement si l'animal vous a mordu à la main ou au bras , il faut couper de suite , mais bien promptement , le membre malade ; ne pas donner le temps au venin de faire des progrès : alors on peut être sauvé. On emploie quelquefois plusieurs remèdes connus dans les contrées où sont ces Serpens ; ils sauvent la vie ; mais il reste au malade une espèce d'imbécilité dont on ne peut presque pas guérir.

Un voyageur rapporte qu'il fut témoin, un jour, d'un combat entre un Serpent à sonnettes et un très-fort Chien : on amena ce dernier contre le reptile,

qui était attaché à la terre par une longue corde.
Le Serpent se roula, dressa la tête et fit sonner sa
queue. On lâcha le Chien dessus, qui le saisit et
voulut le tirer ; mais le Serpent étant trop lourd,
il ne le put ; celui-ci le mordit à l'oreille ; le Chien
parut étonné et voulait quitter ; encouragé par
son maître, il revint à la charge ; cette fois il
fut mordu à la lèvre. Ce pauvre Chien parut alors
insensible à tout ce qui l'environnait ; ses yeux de-
vinrent immobiles ; ses dents serraient sa langue
qui sortait de sa gueule ; il tomba et mourut une
demi-heure après. Voulant savoir si le venin de

ce Serpent pouvait également agir sur lui-même, on le suspendit de manière que la moitié de son corps était par terre, et au moyen d'une aiguille fixée au bout d'un bâton on l'irrita ; l'animal, après avoir fait quelques tentatives pour se saisir du bâton, finit par se mordre. On le laissa tomber, et quelques minutes après il n'existait plus. Il fut coupé par morceaux, ensuite un porc les mangea sans en éprouver aucun mal.

La sonnette que ce reptile a au bout de la queue, avertit de son approche. Cette espèce de grelot se compose de plusieurs anneaux, d'une

substance de corne mince et sonore, qui se tou-
chant les uns les autres, font le même bruit
qu'une feuille de clinquant que l'on remue avec
force; c'est ce qui lui a fait donner le nom de
Serpent à sonnettes. Sa longueur est ordinairement de cinq à six pieds; il se nourrit de petits
animaux.

# LA COULEUVRE.

Ce reptile peut avoir de trois à quatre pieds de longueur, il est très-commun en Europe et principalement en France. La Couleuvre a le dos vert foncé, tirant à-peu-près sur le noir, et le dessous du ventre d'un gris foncé; la gueule de cet animal est garnie de petites dents pointues; mais sa morsure n'est nullement dangereuse, parce que la Couleuvre n'a point de venin. Elle

a la langue noire et fourchue ; elle la darde ordinairement. Les couleuvres aiment beaucoup le
lait ; souvent elles tettent les vaches, quand celles-
ci sont à manger dans la prairie : à cet effet, elles
leur montent le long de la cuisse ; mais les vaches
évitent autant que possible ces petits reptiles.

# LA VIPÈRE.

La Vipère a de dix-huit pouces à deux pieds de longueur, et celle de la queue est de trois ou quatre pouces, et ordinairement cette partie de son corps est plus longue et plus grosse chez le mâle que dans la femelle. Sa couleur est d'un cendré bleuâtre ou d'un gris rougeâtre, depuis la tête jusqu'à la queue; sur le long de son dos, s'étend une sorte de chaîne composée de taches

noirâtres de formes irrégulières, qui, se réunis-
sant en plusieurs endroits les unes aux autres,
représentent fort bien une bande dentelée en zig-
zag. La tête de cet animal est plate et plus large en proportion que le corps; ce qui est diffé-
rent chez la couleuvre; ses mouvemens ne sont
pas aussi agiles que ceux de cette dernière.

C'est principalement dans les pays montueux et
les endroits pierreux et boisés, que se trouve
la Vipère; elle est très-rare dans les plaines, surtout dans les marais. Ce petit animal se nourrit
de Crapauds, de Souris, etc., de petits oiseaux

13*

et d'insectes. C'est le reptile le plus dangereux de France ; sa morsure donne la mort si on ne s'y prend pas à temps. La Vipère a dans la mâchoire supérieure deux dents différentes des autres ; ces dents sont environnées d'une membrane, laquelle contient le poison qui est si subtil. Quand elle mord, ses crochets percent cette petite peau contenant le venin, qui s'introduit immédiatement dans la plaie. Il paraît que ce qu'il y a de meilleur à opposer à cette morsure, d'après M<sup>r</sup> Lacépède et plusieurs médecins, c'est l'alcali volatil ; l'antimoine est également un remède efficace.

# LE CROCODILE.

CE reptile a vingt pieds de longueur, et a à-peu-près la forme du Lézard. Excepté sa tête, où la peau est nue, tout le corps est recouvert d'écailles très-dures. Pour blesser cet animal, il faut l'attraper où ces écailles sont écartées, par exemple, à la première jointure de la cuisse, aux yeux ou dans les jambes. Le Crocodile a une couleur d'un jaune sale, ou d'un bronze rougeâtre. Il a le mu-

seau allongé, sa gueule s'étend au-delà des oreilles ; il a dans la mâchoire supérieure trente-six
dents, et trente-deux dans l'inférieure. Le Crocodile est extrêmement vorace ; étant presque
toujours dans l'eau, il se cache [dans les joncs,
et lorsqu'un animal ou un homme passe, il se
jette dessus avec avidité et les dévore. Il paraît
cependant que quand il est rassasié, il n'est plus
aussi féroce, ne cherche pas à attraper ceux qui
s'approchent près de lui. Cet amphibie se trouve
dans plusieurs fleuves de l'Asie, de l'Amérique, et
principalement dans le Nil, fleuve de l'Égypte.

Quand il est hors de l'eau, il ne court pas avec vitesse, il est lourd et indolent.

----✦----

Les habitans de l'Égypte ont le courage d'attraper ce terrible animal, sans autre apprêt qu'un
morceau de fer pointu des deux bouts : un homme
seul va au devant, et quand l'animal ouvre la
gueule, il lui fourre son morceau de fer d'une manière perpendiculaire ; le monstre ne pouvant
plus fermer la gueule, il est aisé au chasseur de
l'assommer. L'homme qui a l'adresse de planter

le morceau de fer dans la gueule du Crocodile, a
le soin de se garnir le bras de forts morceaux de
cuir. Il y a de ces chasseurs qui ont tant de courage pour détruire ces animaux, qu'ils vont les
chercher jusque dans leur élément, dans l'eau enfin, où les Crocodiles ont toute leur vigueur. Ces
intrépides chasseurs, plongent, et se trouvant au-
dessous du corps de l'animal, ils lui ouvrent le
ventre avec leur poignard.

# L'AIGLE.

De même que le Lion est le roi des animaux quadrupèdes, l'Aigle est le roi des animaux volatiles. Il paraît, d'après les remarques des Naturalistes, que cet animal vit très-long-temps, c'est-à-dire de quatre-vingts à cent ans. C'est de tous les oiseaux celui qui s'élève le plus haut. L'Aigle a le bec et les ongles crochus, et très-forts ; sa figure répond à son naturel : indépendamment de ses

armes, il a le corps très-sec et très-dur, les jambes et les ailes extrêmement fortes; les plumes
rudes, l'attitude fière et droite; les mouvemens
brusques et le vol rapide. Il a la force d'enlever
un Agneau, un Chevreau, etc. Il les emporte dans
son nid pour la nourriture de ses petits et pour
la sienne.

Des enfans ont été enlevés par ces animaux
voraces. En 1737, dans un bourg de Norder-
hougs en Norwège, un enfant d'à-peu-près dix-huit

mois sortant pour aller retrouver sa mère dans les champs, fut enlevé tout-à-coup par un de ces terribles oiseaux, sans que ses parens, qui étaient présens, pussent s'y opposer. Ces oiseaux ne vivant que de rapine et de guerre sont difficiles à apprivoiser, ils peuvent parvenir à un dégré de docilité, et dans quelques circonstances donner des preuves de leur attachement ; mais ceci n'arrive que rarement.

L'Aigle ordinaire est, à-peu-près, de trois ou quatre pieds de long, depuis l'extrémité du bec jusqu'au bout de la queue.

# LE CONDOR.

Il a dix ou douze pieds de vol et d'envergure ; le corps, le bec, et les serres à proportion aussi grands, et aussi forts ; le cou nu et d'une couleur rouge. Dans quelques-uns le dos est bigarré de noir, gris et blanc ; et le ventre d'un rouge écarlate. La tête du Condor, en général, ressemble assez à celle de l'Aigle, excepté qu'elle est ornée d'une large crète; le cou est entouré d'une espèce

de fraise ou collier. Il a les jambes grosses et
fortes, les talons semblables à ceux de l'Aigle.

---

Le Condor, comme l'Aigle, enlève aisément
un Agneau dans ses griffes. Un voyageur rapporte
qu'il remarqua, sur une montagne voisine de celle
où il était, un troupeau de brebis dans le plus grand
désordre : il aperçut en même temps, un de ees
oiseaux, fuyant avec un Agneau dans ses serres ;
lorsqu'il fut à une certaine hauteur, il le laissa
tomber, le reprit, et le laissa tomber pour la deu-

xième fois ; les cris des bergers et les aboiemens des Chiens lui firent lâcher prise, et il s'envola rapidement.

# LE VAUTOUR.

Cᴇᴛ oiseau se trouve communément dans les contrées les plus chaudes de l'Europe, de l'Asie et de l'Amérique ; mais il est tout-à-fait inconnu dans la Grande-Bretagne. Il a trois à quatre pieds de longueur ; son poids est de six à huit livres. Le Vautour a la tête petite et recouverte d'une espèce de duvet de couleur noire ou grise : le plumage est brun mêlé de rouge et de vert ; ses jambes sont

d'une couleur de chair sale, ses griffes sont noires.
Les Vautours ont une très-mauvaise odeur; ils se
tiennent la nuit perchés sur des rochers ou des
arbres, les ailes étendues, apparemment dai s l'intention de se purifier. Ils se nourrissent de charogne et d'ordures les plus dégoûtantes; ils mangent
également la chair humaine, dans les pays où les
criminels restent exposés pendant la nuit.

# LE GRAND-DUC.

Le Grand-Duc est un oiseau de la grosseur de
l'Aigle, son corps est roux tirant sur le brun,
tacheté de noir et de jaune sur le dos, et jaune
sous le ventre; les ailes longues et la queue courte;
ses jambes sont couvertes d'un duvet et de plumes
rousses; les ongles sont noirs et crochus. On trouve cet oiseau dans plusieurs contrées de l'Europe,
de l'Asie et de l'Amérique.

Ces animaux font leur nid dans les rochers d'une hauteur prodigieuse, et habitent ordinairement ces lieux déserts. Ils supportent assez bien la lumière du jour et en général mieux que les autres oiseaux de nuit, ils font parfois la chasse aux oiseaux et aux petits quadrupèdes en plein jour.

## L'AUTRUCHE.

L'Autruche a de huit à dix pieds, depuis le
sommet de la tête jusqu'à terre, à cause de la
grande longueur de son cou. Sa tête est petite et
n'est couverte, ainsi qu'une partie de son cou, que
de poils très-dispersés. Les plumes du corps sont
noires, et détachées les unes des autres ; celles des
ailes et de la queue d'un blanc de neige, longues
et flottantes se terminent par une pointe de noir.

14*

Les ailes ont des aiguillons que l'on compare aux dards du Porc-épic. Les cuisses et les flancs n'ont point de plumes ; les pieds sont forts et d'une couleur noirâtre. On trouve les Autruches dans les grands déserts brûlans et sablonneux de l'Afrique, où ces animaux vont très-souvent par troupeaux considérables.

L'Autruche court extrêmement vite ; quand on la poursuit surtout, et qu'elle a le vent qui la pousse, le cheval le plus agile ne pourrait jamais parvenir à la dépasser ; mais si elle va contre le vent, les naturels du pays la suivent presque à la course. Ce qui donne de l'avantage à l'Autruche pour courir, ce sont ses jambes très-fortes et qui lui servent même pour sa défense.

Il y a ordinairement plusieurs femelles pour un même mâle; elles pondent chacune dix ou douze œufs, qu'elles déposent dans le même lieu. L'œuf d'Autruche est très-gros et bon à manger ; dans l'intérieur de l'Afrique où sont les Autruches, leurs œufs sont regardés comme un mets très-délicat. Voici la meilleure manière de les accommoder: on les enterre dans la cendre chaude, ensuite on fait un trou à la partie supérieure, puis remuant

toujours en tournant, jusqu'à ce qu'on sente qu'ils
aient pris la consistance d'une omelette. Préparés
ainsi, on en fait d'excellens repas.

1 le Morse. 2 le Lamantin.

# LE MORSE.

Cet animal est une espèce de Vache marine qui a des défenses d'ivoire comme l'Éléphant ; mais il ne lui ressemble pas, n'ayant ni bras ni jambes conformes à ceux de l'Éléphant. Le Morse a communément douze pieds de longueur ; il s'en trouve de seize pieds et de huit ou neuf de tour. Ainsi que le Phoque (1), il se tient dans l'eau et va éga-

(1) Veau marin.

lement à terre ; il a à-peu-près les mêmes habitudes. Les Morses vivent en société et voyagent en grand nombre.

Ces animaux se trouvent dans les mers du Nord. On les tue avec des lances : ils sont chassés pour le profit qu'on tire de leurs dents, et pour leur graisse ; l'huile en est presque aussi estimée que celle de la Baleine.

# LE LAMANTIN.

Il se trouve assez fréquemment sur les côtes de S<sup>t</sup>-Domingue. C'est un gros animal d'une vilaine figure, qui a la tête plus grosse que celle du Bœuf, les yeux petits, deux mains près de la tête qui lui servent à nager : il n'a point d'écailles, mais il est couvert d'une peau très-épaisse. Le Lamantin peut avoir de douze à quinze pieds de longueur sur six pieds d'épaisseur. Cet animal est très-doux ; il remonte les fleuves et mange les herbes du rivage auxquelles il peut atteindre sans sortir de l'eau. Il ne quitte jamais l'eau, et préfère le séjour des eaux douces à celui de l'eau salée.

## LE REQUIN.

Il a de vingt-cinq à trente pieds de longueur ;
sa largeur et sa grosseur sont proportionnées. La
peau est recouverte d'écailles très-petites, et la
partie supérieure de la queue est communément
plus longue que l'autre. Sa gueule et son gosier
sont tellement larges, qu'il peut avaler le corps
d'un homme : aussi en a-t-on vu, plusieurs fois,
tout entier, dans leur ventre. On raconte qu'il
se trouva un jour trois hommes dans le corps de

ce poisson ; chose extraordinaire ! un de ces trois avait encore ses bottes et l'épée au côté.

Le Requin a la tête grande et aplatie, et le museau allongé ; ses grands yeux louches lui sortent de la tête et le mettent ainsi à même de découvrir sa proie de tous les côtés. Ce sont surtout ses dents qui le rendent formidable ; elles sont placées sur six rangs, au nombre de cent quarante-quatre ; elles sont fortes, très-pointues, de forme conique. Cet animal a en outre la singulière faculté de plier ou dresser ses dents à volonté : lorsqu'il est en repos, ses dents sont couchées à

plat; mais, au moyen d'une quantité de muscles,
il peut les dresser quand il veut saisir sa proie, à
laquelle il peut faire beaucoup de blessures en
même temps. Le Requin a une grande avidité pour
la chair humaine : le long des côtes d'Afrique où
ces animaux sont en grande quantité, ils attrapent et dévorent toutes les années beaucoup de
nègres qui parcourent ces parages; ils accordent
la préférence à la chair des hommes noirs. Ils
suivent les bâtimens, car ils sentent bien s'il y a
des malades à bord; quand on jette un mort à la
mer, ils l'avalent avec avidité.

## LA BALEINE.

La Baleine a quatre-vingts pieds de longueur, sur vingt de largeur; c'est le plus gros poisson qui existe. On prétend qu'il y a encore de ces animaux d'une longueur extraordinaire de cent soixante pieds, dans les mers de la zone torride, où elles ne sont point inquiétées : autrefois les Baleines étaient beaucoup plus fortes à ce qu'il paraît; on les pêchait moins souvent que maintenant, elles avaient le temps de devenir d'une grandeur dé-mesurée. Les naseaux de ces gros poissons sont tortueux; ils n'ont point de nageoires dorsales; la tête est hors de toute proportion avec le reste du corps, car elle a à-peu-près un tiers de grandeur de l'animal : la lèvre inférieure est plus longue que celle supérieure; la langue est composée d'une graisse molle et spongieuse, d'où l'on peut tirer une barrique d'huile; le gosier est extrêmement étroit pour un aussi énorme animal; il n'a guère plus de quatre à cinq pouces.

Ces poissons n'ont point de dents, mais de grandes lames composées de fibres cornées qui s'appellent fanons : ces fanons sont disposés transversalement et

dans une direction oblique, sur les côtés de la mâchoire supérieure; leur base est appuyée sur l'os du
palais; ils sont échancrés, ont le bord tranchant et
quelques-uns ont jusqu'à quinze pieds de long;
mais sur le devant et dans le fond de la bouche,
ils sont fort courts : on assure que l'animal en porte
huit à neuf cents de chaque côté du palais. La Baleine a deux ouvertures au milieu de la tête, à travers lesquelles elle jette l'eau à une hauteur prodigieuse avec un grand bruit, surtout lorsqu'elle est
poursuivie et blessée.

EBERHART, IMPRIMEUR, rue du Foin, n. 12.